suncolor

suncolor

THE JOY OF SCIENCE

為什麼你看不到黑天鵝？

《悖論》作者帶你用科學思考，突破偏見、無知與真偽的迷霧

Jim Al-Khalili
吉姆．艾爾－卡利里——著　　趙盛慈——譯

suncolor
三采文化

——獻給我的父親

目錄

推薦序／**我思考，我存在**——簡麗賢 北一女中物理教師 8

繁體中文版作者序／**科學的超越與課題** 12

序／**一起享受科學的樂趣** 14

前言／**用科學了解世界的真實樣貌** 22

Ch. 1

後真相（Post-truth）與科學實在論（Scientific realism）

——非真，即假 52

儘管人類有各種缺陷和弱點、偏見和困惑，世界的真相依然存在——這是不論我們相信與否，都存在的客觀真相。別相信對你說世界沒有真相的人。

Ch. 2

演化論（Theory of evolution）與奧坎剃刀原理（Ockham's razor）

——小心，事情比那更複雜 74

人類不願耗費心力，徹頭徹尾理解較複雜的解釋，而有傾向緊抓簡單說法的強烈心理。就連愛因斯坦都不例外。但簡單，不是我們追求的終極目標。

Ch.
3

洞穴寓言（Allegory of the Cave）與希格斯粒子（Higgs boson）
——享受謎團，並樂於解謎 90

小時候的我們，透過時時探索和提問來理解世界。
科學思維就在我們的DNA裡。
為什麼長大以後就不再對世界好奇，
對不了解的事物自鳴得意，甚至滿足？

Ch.
4

冒牌者症候群（Impostor syndrome）與相對論（Theory of relativity）
——面對不了解的事物，試過才知道 106

一樣米養百樣人，我們的思維也各自有異。
但我們不該以此當作不去理解事物的藉口。
我們不需要全部都是愛因斯坦，
但我們可以站在巨人的肩膀上，仰賴他們的力量與知識。

Ch. 5
歸納問題（problem of induction）與預防原則（Precautionary principle）
——不漠視證據，道聽塗說 124
科學家和各個領域的專家一樣，當然有可能理解錯誤，
沒有人應該要盲目或無條件相信科學家。
我們反而應該檢視，其他人是否也接受他們的說法。
不過這並不表示你可以貨比三家，去挑選喜歡或支持心中成見的意見。

Ch. 6
鄧寧—克魯格效應（Dunning-Kruger effect）與確認偏誤（Confirmation bias）
——先認清自身偏見，再評判他人意見 142
你相信某件事，是因為它符合你在意識形態、
宗教或政治方面抱持的廣泛立場嗎？
是否因為你重視某人的意見，而他們也相信這件事？

Ch.
7
認知失調（Cognitive dissonance）——別害怕改變想法 158
犯錯是科學人增廣知識、更了解世界的方式。
接受我們有時可能會出錯，
能帶我們更了解世界，以及自己的所處位置。

Ch.
8
數據識讀力（Numeracy）——挺身而出，捍衛真實 170
我們都必須發揮科學思維，當現實世界向我們下戰帖，
面對挑戰，我們能更了解問題所在，並且以此捍衛，
我們心目中，自己和他人所應該擁有的現實。

結語 182
名詞解釋 190
參考書目 207
延伸閱讀 220

推薦序

我思考，我存在

簡麗賢／北一女中物理教師

八月參加吳健雄科學營，在海拔近一千七百公尺的杉林溪大飯店，靜謐的夜晚，夜空繁星點點，專注地閱讀《為什麼你看不到黑天鵝？《悖論》作者帶你用科學思考，突破偏見、無知與真偽的迷霧》，領略思維養成的八堂課，突破偏見、無知與真偽的迷霧，與作者對話。

「我思故我在」（笛卡爾）、「學而不思則罔」（孔子）、「思考是一座橋，通向新知識」（普朗克）、「思維是靈魂的自我談話」（柏拉圖），這些雋永簡潔的語句是哲學家和科學家從生活經驗累積的智慧。清朝張潮的著名文集《幽夢影》，記錄關於讀書與思考的感悟，其中膾炙人口常被引用的一段：「少年讀書如隙中窺月；中年讀書如庭中望月；老年讀書如臺上玩月；皆以閱歷之淺深，為所得之淺深耳。」透過讀書與思考，以人生閱歷深淺看待人生境界高低，頗能獲得共鳴。缺乏思考得不到知識，見解也會淺碟表面；思考使我們閱讀的知識內化為真知灼見，這與《為什麼你看不到黑天鵝？》的思維相通。

艾爾－卡利里是紐約時報暢銷書作者，也是量子物理學家，撰寫《為什麼你看不到黑天鵝？》分享科學本質的思維法則，例如相對論、演化論和科學實在論等，淬煉科學的精髓，成就一本樂趣高、啟發大的智慧書籍。作者透過書籍，以平實誠懇和親切的風格文字引領深陷信念偏見與資訊迷霧的現代人，重新檢視「不確定」的優點、「懷疑」的意義、「消除偏見」的價值，以及對各種事物懷抱好奇心的功用，體驗辯證思考帶來的樂趣。

在杉林溪閱讀《為什麼你看不到黑天鵝？》，正好符應吳健雄科學營「與大師對談」的課程。科學營課程中安排這群高中生學員專心聆聽2009年諾貝爾化學獎得主羅曼奇須那（Venkatraman Ramakrishnan）分享「我在核醣體的奇遇（My adventures in the Ribosome）」後，能從科學家談論的內容思考問題，在「與大師對談」的課程中提問。提問能力需要透過學習，提問和思考有關，二者緊密結合，提問並非離題發問，問題也不能天馬行空，必須緊扣大師演講的主題。提問時必須掌握「什麼是好問題」的原則，例如「質疑權威，對權威理論提出質疑」、「找出演講內容中的矛盾，提出自己的見解」、「分析問題，指出若如何做會更好」、「順藤摸瓜，順著演講者的思考脈絡，指出可能的發展方向，徵詢演講者的意見」、「批判性的問題，提出對問題的另解」等，這些好問題必然是經驗累積和深度思考才能孕育而生，方能接近科學家的思考世界。

在網路亨通、媒體多元的世代，我們面對議題時可能理盲濫情，陷入複雜衝突的泥淖。高中新課綱強調媒體識讀的素養，期待學校教育能揭櫫科學的本質，教導學生用科學的頭腦看待世界，以科學素養理性思考問題，解開疑惑。

學生問我：「面對問題，如何思考？」閱讀《為什麼你看不到黑天鵝？》是最簡要的回答。這本書提綱挈領說明科學知識的本質與侷限，強調科學思維在日常生活中的作用，充滿智慧的準則，能解答疑惑，引導思考，值得推薦閱讀。

繁體中文版作者序

科學的超越與課題

我們生活在瞬息萬變的世界，在這個世界裡，科技發展腳步之快前所未見，快得令人難以評估與適應。然而，世界上各個地方，擁有不一樣的政治世界觀、意識形態世界觀與文化世界觀，這些差異似乎在網路與社群媒體的時代被放大。如此一來，必然導致任何社會裡的一般大眾，必須理解大量資料與資訊，難以確定哪些內容或對象可以相信，致使彼此關係緊張及發生摩擦。

我的父親是伊拉克人，母親是英國人，從小生長在兩種不同的文化讓我學習到，人類社會是複雜的，看待世界的方式幾乎從來不會只有一種。相形之下，我們擁有科學，以及運用科學描述的世界觀。科學的世界觀不同於日常生活行為與各種觀點角力的相對主義或主觀性，它超越了時間與地理位置，也超越文化和語言。

數年前，我曾造訪亞洲的高能物理研究所演講。即使是在外國發表，我也不必擔心，我的研究會被聽眾理解成不一樣的研究。臺下觀眾認知的物理觀念與數學方程式不因人而異，而且我們運用的是同樣一套「科學方法」，此即我們對科學的研究方式。這本小書闡述人們如何透過科學獲取世界知識，以及此套方法何以蘊藏值得社會大眾學習的課題。

祝各位展書愉快。

吉姆．艾爾—卡利里

二〇二三年七月筆

序

一起享受科學的樂趣

一九八〇年代中期，我還是一名年紀輕輕的學生，讀到了英格蘭物理學家尤安．史奎爾斯（Euan Squires）的著作《探新求知》（*To Acknowledge the Wonder*）。這本講（當年）最新基礎物理學概念的書，時隔近四十年，我依然放在書架一隅。儘管現在書中有些內容已經過時，但我始終很喜歡這個書名。在我苦惱是否該以物理學為職業時，促使我將一輩子投入科學的理由，正是因為：我想在物理學的世界「探新求知」。

人們選定領域發展興趣的原因各異。以科學來說，有人喜歡爬到火山口或蹲伏在峭壁邊觀察鳥類築巢；有人喜歡使用望遠鏡或顯微鏡，不受眼力限制地觀察世界；有些人在實驗桌上設計出巧妙的實驗，帶我們認識星星的奧祕，或打造巨大的地底粒子加速器，探索物質的構成元素；有些人透過研究微生物基因來發明藥物和疫苗，保護人們不受微生物威脅；有些人則成為數學大師，在一頁又一頁的紙張上塗寫抽象卻美麗的代數方程式，或以數千行程式碼下達指令，讓超級電腦模擬地球天氣、銀河演化。還有些人打造模型，展示人體內的生理反應過程。科學浩瀚無邊，隨處可見靈感、熱情和新知。

俗話說，情人眼裡出西施。這句描繪日常生活的話，也適用於科學家對科學的愛好。一件事是否美好迷人很主觀。科學家跟所有人一樣知道，新穎的主題和思維方式令人卻步，若是未經適當引領進門，你也許會覺得某一門學科難以親近。但我想告訴大家，只要有願意嘗試的心，你總是能夠更深入地理解某個曾令你感到艱澀難解的想法或概念。我們所要做的只是張開眼睛、敞開心胸，花足夠的時間去拆解事物及吸收資訊。不見得要達到專家的水準，只要達到自身所需的理解程度即可。

我以自然界裡簡單常見的現象——彩虹[1]——來說明。大家應該都同意，彩虹有某種令人嚮往的魅力，如果我用科學方式向你解釋彩虹的形成原因，是否會令你覺得彩虹的魔法消失了呢？詩人濟慈曾說，牛頓「將彩虹降格為三稜鏡下的光譜，導致彩虹的詩意被破壞殆盡」。在我看來，科學並沒有「破壞彩虹的詩意」，而是引領我們深入認識大自然的美。

請看一看以下對彩虹形成的解釋，你覺得是否如此？

彩虹由陽光和雨水組成。將這兩項元素結合，形成我們在氤氳天空看見的彩色弧線，背後的科學原理與我們眼中的彩虹同樣美麗。彩虹是發散的陽光，太陽光線穿過無數水滴，映入我們眼簾，形成彩虹。陽光穿過每一滴水滴，光線中的各種色彩稍微減速，以不同的速度行進，並在「折射」過程彎曲，與其他色彩分離。[2]

接著，光線從水滴背面反彈，再從水滴正面的不同位置穿透出去，完成第二次折射——這呈扇形散開的顏色，就是彩虹。測量陽光和由你眼前水滴帷幕散發的各色光線夾角，你會發現，角度落在四十到四十二度之

1／我用經典的彩虹例子為這本書起頭。這是一個科學書籍作者常用的寫作技巧。舉例來說，卡爾・薩根（Carl Sagan）和理查・道金斯（Richard Dawkins）分別在《魔鬼盤據的世界》（*The Demon-Haunted World: Science as a Candle in the Dark*）和《解析彩虹：科學、虛妄及探新求知》（*Unweaving the Rainbow: Science, Delusion and the Appetite for Wonder*）都使用過。希望熟悉這些書籍的讀者不介意，我為了引領沒聽過這個例子的新讀者入門，而遵循這個寫作傳統。

2／陽光（即白光）由不同的顏色所組成，每一種顏色的光，波長都不一樣。當光線通過例如空氣或水這一類的介質，速度會放慢。但每一種顏色的光，依據波長，放慢後的速度不同，因而形成不同的折射角度。

間。其中，紫光的夾角四十度，折射角度最小，形成彩虹的最內圈；紅光的夾角四十二度，折射角度最大，形成彩虹的最外圈（參見圖說）。[3]

更神奇的是，這道由發散陽光形成的弧線，其實只是圓圈的上半部——請想像一個側倒的圓錐，彩虹是圓錐的外圍弧面，錐尖在我們的眼睛裡。由於我們站在地上，所以只看見圓錐上半部。假使能夠漂浮到空中，就會看見完整的彩虹圈。

你觸摸不到沒有實體的彩虹，它不存在於天空的任何一方。彩虹是大自然與我們的眼睛和頭腦的一種無形互動。事實上，沒有任何兩個人看見相同的彩虹。我們看見的彩虹由只映入我們眼簾的光線形成。所以每一個人看見的都是大自然專為我們創造，只屬於我們、獨一無二的彩虹。

我認為，這就是科學知識所能帶給我們的——科學知識讓我們對世界有更豐富、深刻，且專屬於己的見解。沒有科學，不可能實現。

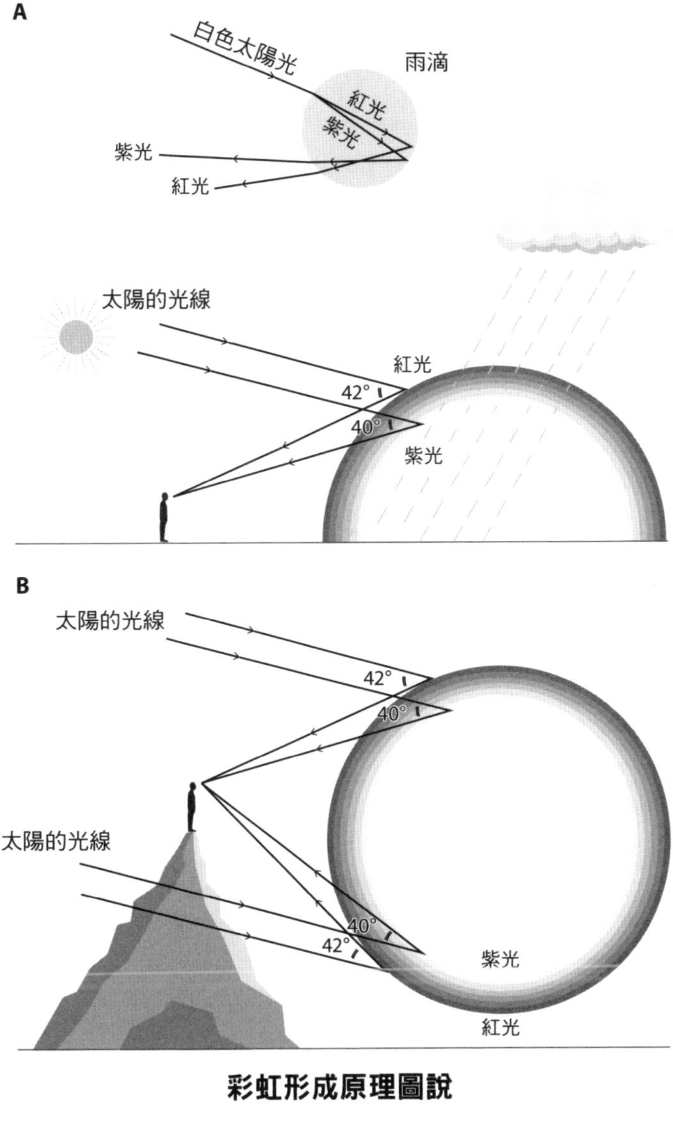
A
白色太陽光
雨滴
紅光
紫光
紫光
紅光
太陽的光線
紅光
42°
40°
紫光
B
太陽的光線
42°
40°
太陽的光線
40°
42°
紫光
紅光

彩虹形成原理圖說

彩虹不只是一道美麗亮眼的色彩弧線，就如同科學不僅僅是客觀事實和由批判思維得來的經驗知識。科學也幫助我們深入認識世界，使我們更豐富和獲得啟發。希望這本書能帶領讀者進入充滿光、色彩、真相，並且至善至美的世界。

只要我們都能張開雙眼、開啟心靈、互相分享所知，這個世界就永遠不會消失。當我們愈是仔細去看，看見的也就愈多，挖掘出更多值得探究的新鮮事。請你加入我，和我一起探新求知，享受科學的樂趣。

3／我描述的這種彩虹稱為「虹」（primary rainbow）。有時候，我們也會看到外圍有一圈顏色比較淡的「霓」（secondary rainbow）。這是太陽光線在每一滴水滴內不止反射一次，而是兩次的結果。此時我們看見的是在五十到五十三度之間折射的彩色光線。由於霓經過兩次反射，所以顏色跟虹顛倒，最內圈是紅色，最外圈是紫色。

前言

用科學了解世界的真實樣貌

二〇二一年春天，我寫下這些文句時，人們的生活仍被新冠肺炎疫情嚴重打亂。我們在全世界看見人們對科學的看法劇烈轉變，我們思考：科學扮演了什麼角色？科學對社會有何價值？科學研究如何進行和驗證？科學家究竟如何做到自律？要如何溝通他們的發現和研究結果？

簡單來說，今時今日的人類正面臨破壞性極大的慘況，科學與科學家受到前所未見的嚴格檢驗。我們確實在和時間賽跑，想辦法努力了解嚴重急性呼吸道症候群冠狀病毒二型，找出打敗病毒的方法。這也凸顯出，科學與人類存亡休戚相關。

儘管世上免不了對科學恐懼和疑心的人，但我看見世界上絕大多數的人們對科學方法產生了新的深刻理解，並對科學方法投以信任。有愈來愈多人明白，人類的命運並非掌握在政治人物、經濟學家或宗教領袖手裡，而是取決於我們能透過科學對世界有多少認知。同樣地，科學家也逐漸意識到，如果只有科學家自身知曉研究發現並不足夠，我們也必須盡可能開誠布公，去認真解釋我們的作為、所提出的問題，以及我們的所知所得，讓世界了解我們發現的新知能如何發揮最大效益。

此時此刻，人類的生命存續的的確確有賴全球各地上千位病毒學家、遺傳學家、免疫學家、流行病學家、數學建模師、行為心理學家、公共衛生科學家攜手合作，共同努力打敗可致人於死的微生物。但在科學界努力換來成果後，也要社會大眾願意為了自己、為了心愛的人、為了我們居住的大環境，在群體和個人事務上，以充分資訊做理智決定，善用科學家研究得來的知識。

任何事情，不論關乎的是因應二十一世紀人類最大挑戰（如全球大規模流行病、氣候變遷、根除疾病與貧窮），或是關乎打造不可思議的科技、火星登陸任務、人工智慧開發，或單純深入了解人類及我們居住的宇宙——科學成果的延續，都有賴科學家與非科學家建立合作開放的互動關係。這件事，唯有政治人物放下眼前普遍流行的孤立主義和民族主義，才有可能辦到。新冠肺炎不會理你設下的國家邊界，也不會去區分文化、族裔或宗教。這是全人類所共同面臨的重大問題。因此，一如科學研究應展現新態度，人們也應當在因應這些問題時，發揮團結合作的精神，齊心努力。

此外，地球上近八十億人口仍要繼續生活、做決定和依決定行動。

進行這些活動時，我們經常得在迷惑人的資訊濃霧以及錯誤資訊之間，蹣跚前行。要如何後退一步，更客觀地去理解世界和自己呢？我們能如何整理、過濾錯綜複雜的事物，為自己和他人做更好的決定？

事實上，複雜性、錯誤資訊、混淆不清並非新鮮事。知識鴻溝也非史上頭一遭。我們身處的世界，有時令人望之卻步、理不出頭緒，甚至不知所措。我們對這些狀況都並不陌生。

事實上，科學即是建立在這個前提之上——人們為了克服困難，理解複雜費解的宇宙而建立了一套科學方法。不論你是不是科學家，我們每一個人都會在日常生活中，面臨到資訊爆炸的世界，不斷提醒人類自身的無知。身處如此世界，該怎麼做？究竟**為什麼**要採取行動？

這是一本內容精簡、適用於各種情境的思維指南書，教你如何生活得更科學一些。在繼續閱讀下去之前，或許你可以先花一點時間問自己：我想認識世界真正的面貌嗎？我想以世界的知識為決定依歸嗎？我是否想感受希望、可能性，甚至興奮期待，並以這些感受化解對未知的恐懼？假使對於這些問題，你很樂意給予肯定的回答，或者你仍不清楚自己的想法，這本書或許能幫上你的忙（也許我能大膽地說，特別是當你還不清楚自己的想法時，幫助更大）。

我是以科學維生的職業科學家，但我並不打算在這裡推廣深奧的科學知識，當然也不希望，這本書讓人讀起來感覺高傲或自命不凡。我的目的只是單純想要解釋，科學思維能如何幫助你管理世界一股腦兒扔出來的、這些複雜又矛盾的資訊。

這本書沒有倫理哲學的教誨，也沒有提供所謂能使你快樂和掌握人生的生活或療癒技巧。我在書中闡述的是科學的核心概念和運作方式，它通過了人們的嘗試和檢驗，數世紀以來，成功增進人類對世界的理解。更進一步來說，科學對人類的幫助在於，科學帶你我理解複雜事物和知識的欠缺之處，使大多數的人能夠自信地帶著更客觀的判斷力，面對未知。科學長久以來成功帶給人們許多幫助，我認為，有必要好好與各位讀者分享何謂科學思維。

我將在書中闡述，為何我們都應該多從科學的角度思考。在那之前，我要先談一談科學家如何思考。

科學家和所有人一樣生活在真實世界裡，有一套共通的邏輯思維，可供每一個人在面對未知和日常決策時運用。本書目的在與大家分享這套思維。這一直是所有人都能運用的思考方式，只不過不知從何時起，再也不是這樣了。

首先，我們要知道，科學**並不如許多人所認為**是世界事實的匯總。那些事實是「知識」。科學其實是用於思考和理解世界的方法，**導引**我們獲取新知。當然，還有許多方法能帶給我們知識和洞見，藝術、詩歌、文學、宗教典籍、哲學辯論、冥想、省思都能辦到。但如果你想了解的是世界的真實樣貌（像我這樣的物理學家又稱其為「現實的真正本質」），仰賴「科學方法」的科學，非常管用。

什麼是科學方法？

當我們說科學「方法」時，似乎隱含「做科學」的方式只有一種。那樣想就錯了。宇宙學家發展太空理論，解釋天文現象；醫學人員進行隨機對照試驗，檢驗新藥或新疫苗的效力；化學家用試管製作複合物，觀察反應；氣候學家建立複雜的電腦模型，模擬大氣層、海洋、陸地、生物層、太陽的互動與動態；愛因斯坦則是利用解代數方程式的方法，加上不停深思，發現了時空會在重力場彎曲。例子還有很多，這裡只粗談幾例，但我們已經能從中看出一項共通點——那就是，這些活動都涉及對世界某一部分（時間與空間的本質、物質的特性、人體的運作機制等）所抱持的好奇心，以及想要深入探究事物的求知慾。

以好奇心作為科學方法的定義，是否過於籠統？歷史學家一定也有好奇心。他們也會尋找證據、檢驗某個假說，或挖掘不為人知曉的事件。應該要將歷史看作一門科學嗎？那主張地球是平的的陰謀論者呢？他們不也跟科學家一樣有好奇心、熱衷於尋找支持論點的理性證據嗎？為什麼說他們「不科學」呢？

答案是相信地球是平的的陰謀論者不像科學家，甚至不像歷史學家，願意在無可否認的證據出現時（例如，從美國太空總署拍攝的外太空照片，可看見地球的彎曲形狀），否決自己的理論。顯然對世界抱持好奇心，並不代表擁有科學的思維。

與其他思想體系相比，科學有一些獨到特色，例如：可否證性（falsifiability）、可重複性（repeatability）、對不確定性的重視，以及認為承認錯誤具有價值，我們將在書中逐一探討。

現在，先簡單了解，其他或許不屬於正統科學的思考方式，與科學思維的一些共通之處。目的是從探討這些特質知道，**光是符合其中一項**，並不構成定義嚴謹的科學方法。

在科學領域，即使某一項主張或假說有不可忽視的證據支持，我們也應該持續不斷地檢驗和提出質疑。這是因為科學理論要可以「被否證」。也就是，科學理論必須能夠被證明不是正確的。[1]

舉一個經典例子來說明。我可以提出「所有天鵝都是白色的」的科學理論，這個理論符合可否證性，只要你看見一隻不是白色的天鵝，就能證明理論不正確。一旦發現證據牴觸我的理論，這套理論就必須修正或揚棄。陰謀論並非真正的科學，原因就在於不論有多少相反證據，都無法說服倡導者放棄。事實上，深信不疑的陰謀論者自有一套先入為主的論調，在他們眼裡，任何證據都是支持這套論調的證據。科學家則採用與此相反的方法，我們會隨新佐證資料出現而改變看法。因為我們受過訓練，不能像堅持世上只有白天鵝的狂熱分子那般絕對。

科學理論也要可以被檢驗，經得起實證證據和資料的考驗。也就是說，我們可以依據科學理論來預測，並觀察預測結果是否能透過實驗或觀察得到證實。但同樣地，單純符合這一點不足以稱為科學方法。畢竟星盤

1／在科學哲學裡，某項理論符合可否證性或可反駁性，代表可以經由觀察、實驗方法、數學方法或邏輯推理得出的證據，反駁理論或證明理論不是真的。這個觀念由哲學家卡爾・波普於一九三〇年代提出。

也能用於預測人、事、物，既然如此，占星學也是真的科學嗎？假如占星預言成真了呢？能因此斷定占星是科學嗎？

我們來說一說超光速微中子的故事。愛因斯坦在一九〇五年公開發表獨創的相對論，預言宇宙中沒有任何一樣東西能超越光的速度。現代物理學家對愛因斯坦的理論深具信心，認為要是有人測得某樣東西**超越光速**，其測量過程必定有瑕疵。二〇一一年有一項關於次原子粒子「微中子」光束的知名實驗，得出微中子超越光速的結論，但是大部分物理學家都並不相信實驗結果。

這是因為物理學家信奉教條主義、成見很深嗎？非物理學界的人士可能真的認為如此。請想一想，當占星師說週二星星將排成一列，你會收到好消息，結果老闆真的幫你升職，證明占星師說中了。請拿這兩個例子比較一下，一個是與實證資料發生衝突的理論，另一個是有事件佐證的理論；如何能說相對論是有效的科學理論，占星不是？

後來，結果證明，物理學家沒有馬上揚棄相對論是對的。因為微中子實驗團隊很快就發現，計速儀的光纖電纜裝設方式有誤，修正以後便再也無法得出微中子超越光速的結論。**要是**實驗結論真的沒錯，微中子的行進速度確實超越光速，那麼其他數以千計證明相反的實驗就錯了。這出人意表的實驗結果，有了合理解釋，相對論依然站得住腳。

不過，我們之所以相信相對論，並不是因為它不被一次（最後證實為錯誤的）實驗結果擊垮，而是因為有許多其他實驗結果確認理論為真。換句話說，相對論符合可否證性、可以檢驗，且至今為止站得住腳，與我們對宇宙真相的理解契合。

相反地，一次結果為真的占星預言只是運氣好，沒有任何物理機制可對占星現象解釋。舉例來說，人類發明星座後，天空的樣貌受地軸改變的影響已經不一樣了，所以你的出生星座可能跟你所認為的不同。更重要的是，基於現代天文學對恆星與行星本質的理解，任何為星座賦予意義的理論基礎都不具有實效。

再怎麼說，**假若占星學是真的**，遙遠的恆星（其散發的光要經過數年才能被我們看見，而且重力效應弱得在地球上感受不到）影響了人與人之間複雜程度、驚人的未來事件，不就代表我們必須揚棄所有物理學和天文學原理，要用一套非理性、超自然的新說法，來解釋現階段用科學來解釋都很合理的種種現象，以及現代世界（包括所有現代科技）的架構？

科學方法的另外一項特色是，我們經常聽到別人說科學會「自我修正」（self-correcting）。但科學只是人們接觸和認識世界的一個過程，不能理解為科學本身包含某種應對機制。這句話的真正意思是**科學家會互相糾正**。科學需要人來執行，我們都知道人會出錯，更不用說，前面提過世界既複雜又使人不解。所以我們要檢驗彼此的想法和理論，要互相討論並爭論對錯，還要解讀對方的資料、傾聽、修正、觸類旁通——有時候，當其他科學家或我們自己發現，某個想法或實驗結果有誤，會全盤放棄。

重點在我們認為這麼做是優勢，並非劣勢——我們不介意被證明有錯。我們當然希望自己的理論或資料解讀正確，但當有力的相反證據出現，我們不會繼續緊抓不放。如果錯了，那就錯了，不能逃避，逃避錯誤才丟臉。所以我們才會在發表想法前，盡一切努力嚴格批判和檢驗，並在發表時「道盡努力」、盤點疑慮。畢竟，就算我們遍尋各地不見黑天鵝，沒有找到並不代表世界上絕對沒有。

我不是要說，關於決定誰是「正統」科學，世界上有一份供對照判斷的條件列表，讓你在前面打勾勾，來區別誰是科學誰不是。因為科學範疇內仍有不少零星例子，並不符合科學方法的一或多項定義。我自己所屬的物理學，就能立刻想出好幾個例子。

例如，現在的人們（目前仍然）無法檢驗超弦理論（superstring theory），不能主張超弦理論符合可否證性，所以超弦理論並非真正的科學嗎？（超弦理論是數學概念，認為所有物質都由極小的弦所組成，在更高的維度振動。）大爆炸理論和宇宙擴張無法重複進行，所以不是真正的科學嗎？科學與科學方法廣袤無垠，無法一言蔽之，而且我們不應該將科學視為與歷史、藝術、政治、宗教等人們關心的領域，壁壘分明的禁區。這本書的目的不在說明科學與其他領域的差異，或詳列各項區別，也不在探究科學方法的瑕疵和缺失。我的目的是簡明扼要地闡述科學與科學方法的精髓，以及我們能如何在其他生活面向讓科學發揮正向力。

在現實生活中，科學研究當然還有許多可以改進的地方。用一個例子來看，如果主流科學由西方國家的白人男性主掌和決定效力，那不就意味著，科學在有意無意間被汙染，甚至受偏見影響？可想而知，當觀點都大同小異，科學家們對世界的看法、想法和質疑一律雷同，科學界會無法保持客觀，至少不會達到科學家追求的客觀度。解決的辦法就是從事科學活動的人在性別、族裔、社會和文化背景方面必須多元。

科學之所以行得通，原因在於從事科學活動的人會盡可能從各種觀點和角度探索自然界，並從這多元觀點去檢驗自己和彼此的想法。由一群背景多元的人從事科學研究，而他們能對科學的特定知識領域達成共識，我們就能對此領域的客觀性和真實性更有把握。

科學知識的普及有助於防止教條主義出現。教條主義是指某個領域的科學家社群只認定一套假說或看法，不容他人質疑，甚至於壓制或排除異議。有時，教條主義和共識可能不太好分辨，但兩者有一項重要差別：已確立的科學認知有一天可能被修正或取代，而目前這些科學認知通過各式各樣的質疑和檢驗，普遍為大眾接受和信任。

「遵循科學」

讓社會學家表達意見，他們會說：想要真正了解科學如何運作，必須將其放入人類活動這個更大的脈絡，包括人類的文化、歷史、經濟和政治活動。他們認為，光是從像我這樣的科學人員的角度出發，去談論「如何從事科學活動」，實在太天真了，因為科學是更複雜的事。他們會堅稱科學並非價值中立的活動，因為科學家跟其他人一樣，都有自己的動機、偏見、意識形態立場和既得利益；例如：升職、提高聲望、讓投入多年的理論獲得認可。而且即便研究人員本身不抱持偏見或特定動機，發薪水給他們的人和贊助者也有。

我認為這樣的評價實在太偏激。縱使從事科學研究的人，乃至於付研究人員薪水的人，幾乎**沒人能做到**價值中立，他們所獲得的科學知識**也會是**中立的。因為科學方法包含自我修正的環節，而且科學必須建立在已確立為正確的事實上，這是堅固的基礎，科學也必須受眾人檢驗、可以否證，具有再現性，符合某些必要條件。

身為科學家，我還是會說自己價值中立。畢竟，我會希望說服你相信我客觀中立。但不論我如何自認客觀或努力維持客觀，我都不可能完全做到客觀和價值中立。然而，我研究的主題——相對論、量子力學或恆星內部的核反應——是對外在世界做價值中立的敘述；遺傳學、天文學、免疫學、板塊構造學說也是。

不論從事科學活動的人說什麼語言，或有什麼政治、宗教、文化背景，只要是以正直態度，充分運用科學方法，誠實、如實地研究，他所發現的自然科學知識（對自然界的描述）並沒有不同。每一個人對研究議題的優先排序（所要提出的問題），當然會受時空背景影響，或取決於誰有權力區分議題的重要性、要資助哪些（或誰的）研究。這些決策受文化、政治、哲學思想、經濟的影響。例如，經濟較差國家的物理學系，比較會將資金投入理論物理學，而非實驗物理學，因為筆記型電腦和白板的價格比雷射儀器和粒子加速器便宜。探究哪些問題、資助哪些研究，這些決策也可能受偏見左右。

所以，領導和權力階層的背景能夠更多元，人們在判斷哪些科學研究的走向較具發展性或潛在影響力時，就能比較不受偏見左右。即使如此，透過良好的科學方法，得出對世界的認識（即知識本身），不應受科學研究者影響。頂尖科學機構的科學家的意見，可能會和另一間聲望較低的科學機構的科學家相左，但不能以此判斷誰的結論正確。由科學的本質出發，證據累積會使真相大白。

許多人質疑科學家的動機，主張科學活動永遠無法「價值中立」。如我們先前所討論，這麼說在某種程度上是正確的。不論身為科學家的我們自認對知識和真相的追求多麼客觀純粹，都必須承認科學一**律**價值中立的理想境界不過是迷思。

首先，有些價值觀獨立於科學外，例如：應不應該研究某項議題的倫理及道德原則，以及公共利益等社會價值觀。這類外在價值必定會在決定贊助和進行哪些科學研究時起作用。相關決定當然可能受偏見影響，必須多加留意，不落入偏見的陷阱。

另外，有一些是科學過程必須考量的**內在價值觀**，也是科學家在進行研究時所應盡到的責任，例如：誠實、正直、客觀。科學家並不是不該對外在價值的塑造或辯論表達意見，也有責任思考科學研究帶來的後果，包括：研究的可能運用方式，以及可能形成的政策與社會大眾的反應。可惜科學圈總將「不涉及價值判斷、單純探究世界知識的活動」（如天體物理學），與「無可避免帶價值判斷的研究」領域（如環境科學、公共衛生政策）混為一談，爭論科學能否在原則上做到價值中立。[2]

姑且假設我們都同意，真實世界裡的科學無法徹底價值中立，而以完善科學過程取得的知識是中立的，並在這個基礎上繼續探討社會大眾看待科學時會衍生的一些合理與不合理的挑戰。

人們的生活絕對因為科學的進展而輕鬆、舒適許多。科學發現的知識讓我們治癒疾病、生產智慧型手機、派太空船到外太陽系執行任務。儘管如此，科學成就有時也有負面效果，使人們懷抱錯誤的願望和不切實際的期待。許許多多的人被科學成果迷惑，不管資訊來源為何、產品多麼不實，全盤相信報導和聽起來一點也不「科學」的行銷把戲。這不是他們的錯，有時我們很難一眼分辨，什麼是真正的科學證據，什麼是用來誤導人、實際上觀念並不科學的行銷手法。

我們可以理解，大部分的人通常不太擔心科學活動的進行過程，只在乎科學成果。例如，當科學家發表新疫苗，社會大眾關心的是疫苗的安全性和效果，也許相信參與研究的科學家知道自己做什麼，也許抱持懷疑態度（質疑科學家或付錢給科學家的人的動機）。很有可能，只有該領域的其他科學家會深入探究：疫苗研究是否在值得信賴的實驗室進行、疫苗是否經過嚴格的隨機臨床對照試驗、研究是否在聲譽卓著的期刊公開發表並經適當同儕審查，並且關心研究主張的結果是否可以再現。

2／關於這項議題，精彩論述請參見以下著作：Heather Douglas, *Science, Policy, and the Value-Free Ideal* (Pittsburgh: University of Pittsburgh Press, 2009)。

當科學家意見分歧或對研究結果提出懷疑，會讓社會大眾無法確知哪些事、哪些人能相信。意見分歧、不確定在科學領域很正常，但許多人會因此懷疑，連科學家都無法肯定，要如何相信科學家的話？科學家在解釋如何獲得世界的科學知識時，未適當溝通不確定性和爭論在科學領域的重要意義，是我們現在面臨的一大問題。

當不同科學家給出衝突的建議，這些建議再透過科學界以外的管道傳遞給社會大眾，例如：媒體、政治人物、網路文章，或在社群媒體大肆傳播，此時，社會大眾更加困惑。在真實情況下，即使是貨真價實的科學發現，也會先經過幾道篩選機制，才被社會大眾看見——例如，負責將複雜科學報告濃縮為簡單訊息的實驗室或大學出版社職員、尋找報導題材的記者、在網路張貼資訊的業餘科學愛好人士。內容可能是疫情期間的預防感染措施、電子菸的風險或使用牙線潔牙的益處。

隨著這些內容成形、擴散，社會上也會出現相關意見（有些有充分的資訊根據，有些沒有）。最後，大多數的人只相信自己想相信的內容。很多人都沒有參考證據，謹慎理性地判斷，只接受符合先入為主偏見的內容，忽略不想聽的意見。

在我繼續討論下去前，我也要談一下，科學家為了幫助政府制訂決策，所提供的建議。科學家根據實驗或電腦模擬結果、臨床試驗資料、圖表、研究結果，提供手上的各種證據，但要如何運用這些科學建議，決定權在政治人物手中。我必須在這裡說明一點，就是科學家應當根據自身的專業科學領域，來提供建議。因此流行病學家、行為科學家、經濟學家，在對抗新冠肺炎疫情的過程，可能對最佳做法各持己見，以至於政治人物有時得在相牴觸的意見之間權衡成本效益。

流行病學家估算，晚一週封城會使新冠肺炎感染死亡人數大增，但經濟學家計算，晚一週封城可避免GDP損失，這些損失會進一步導致死亡，換算下來相當於、甚或超過晚一週封城的疫病死亡人數。兩位專家都依預測模型做結論，其資料和模型參數的預測也相當正確，卻得出不一樣的結論。

接下來，換制訂政策的人和政治人物登場，選出他們認為最適宜的政策方針。社會大眾也要做選擇。有愈多國民從公開透明的管道接收決策資訊、努力了解資訊內容，就有愈多人能夠在日常生活和民主的過程，做出明智的選擇，讓自己和深愛的人受惠。

科學和政治不一樣，科學不是意識形態或信仰體系，而是過程。我們都知道，政治人物制訂政策時，參考的不只有科學證據。即便科學證據清清楚楚擺在人們面前，但過程牽涉複雜的人類行為，所以任何決定都不可能價值中立。雖然我很不願意這樣說，但決定也不該價值中立。

政治人物和多數人一樣，總選擇相信與偏好和意識形態相符的科學論述。他們往往會在輿論下挑選符合目的的有利結論，而輿論的形成影響因素有：媒體的呈現、政府的官方指引，以及一開始科學家如何指明事實。基本上，科學、社會、政治之間的關係，牽涉到複雜的循環回饋機制。為了避免讓你覺得我在大肆批評政治人物，我要率先承認，由於科學家並非民選官員，所以不負責指出該推展哪些政策。我們只能盡可能清楚地溝通資訊，依照當時所能得出的最佳科學證據來提供指引。

我們也許會因為個人因素而強烈關心某項議題，但那不該影響到我們給予建議。在民主制度中，不論我們是否支持政府，最終都由選舉產生的政治人物來制訂決策，並為決策負責。當然，受過科學訓練的政治人物、科學知識的普及，對社會多多益善，但科學家並不是制訂政策和為決策負責的人。

所幸，這本書要談的不是科學、政治、公共輿論之間的複雜關係，而是探討如何將科學活動最有幫助的幾項特色，擴大至日常生活的其他決策行為和意見形塑過程。科學方法包括了：一、對世界抱持好奇心，以及二、樂於提問、觀察、實驗、推理，並在發現證據不支持預設想法時，願意修正並從經驗學習。

接下來，我要提供一些簡單指引，讓所有人都能更理性地思考及行動。每一章節都將根據科學方法的精華給予建議。你也許會發現，當大家都能用更科學的方法思考世界，世界將成為一個更美好的地方。

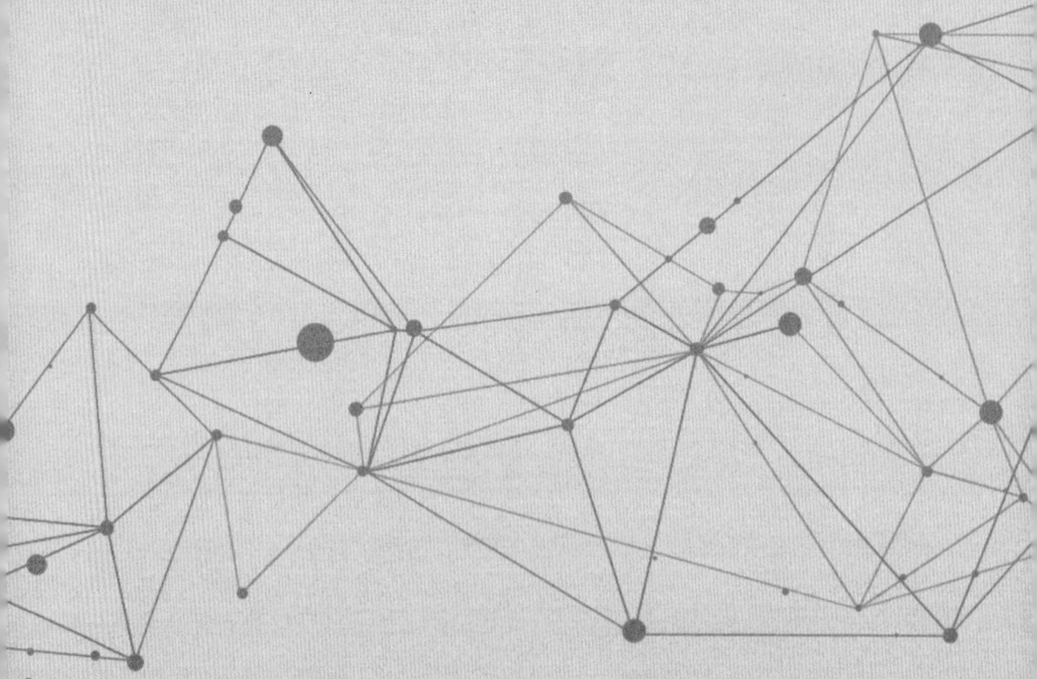

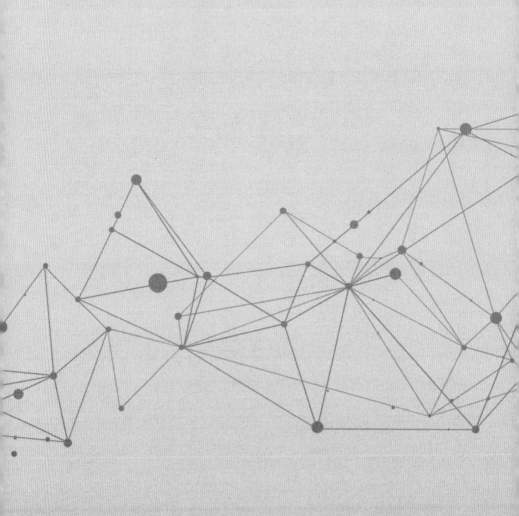

Ch.1

後真相與科學實在論

非真，即假

Post-truth
Scientific realism

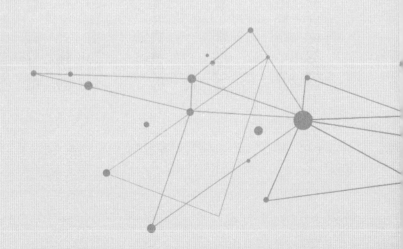

你是不是曾經有好多次，和親朋好友或同事，甚至社群媒體上的陌生人爭論看法？你很肯定自己的想法千真萬確，對方卻帶著禮貌，有時是帶侵略性地說「那可是你的個人看法」或「只是一種切入角度」？這樣的回應反映出，在我們生活中潛伏危害，且普遍得令人不安的「後真相」現象（post-truth）。

根據牛津字典的定義，後真相**「涉及或意指客觀事實對公共輿論的影響力，小於情感訴求及個人信念」**，由於普遍可見，而成為二〇一六年的代表字。我們是否已經離客觀真相太遠，就連經過證實的事實，都能因為不喜歡，而輕易否決？

即使我們認為人類已經進入文化相對主義的後現代，網際網路（尤其是社群媒體）仍驅使社會、意見在各種文化和政治議題上，朝向兩極化發展——人們必須選邊站，每個人都說自己擁有「真相」。當受到特定意識形態信念驅使、明顯非真相的言論，壓過了無可否認的事實或有可靠證據支持的知識，我們看見後真相政治的作用。

在社群媒體上，後真相政治經常與陰謀論掛鉤，或與民粹領袖或煽動人心的政客所做的宣言有關。很遺憾，這種非理性的思考方式，普遍影響許多人的生活態度，包括他們對科學的看法。所以，我們才經常在社群媒體上看到有人主張，個人意見比證據更站得住腳。

科學人以不同的模型描述自然界。我們以不同的方式建立科學知識，每隔一段時間，便會有人針對想了解的現象或過程，做不一樣的論述。但這並不代表，世界上有各種不同的真相。身為物理學家，我們想發掘的是關於世界究竟**是什麼**的最終真相。

這類真相與人類的感受或偏見無關。科學知識的取得並不容易，但認同世界上**有真相**，並努力追求，讓我們更清楚知道該怎麼做。依循科學方法評判和檢驗理論，讓觀察與實驗結果具有再現性，可確保我們貼近最終真相。即使面對亂糟糟的日常，你也能發揮科學態度，去知曉事物的真實面貌——幫你穿越迷霧，洞悉真相。

所以我們要學會張大眼睛，剔除「僅存在於某文化」或由意識形態驅動的真相，並以理性檢視之。遇到有人說某個虛假的事物是「另類事實」（alternative facts），要記住，提倡另類事實的人，不是想提出可信的言論來取代原本的事實，只是想搭配意識形態，製造懷疑、魚目混珠。

日常生活中有許多情況可證明，承認客觀真相的存在、付諸行動尋找真相所產生的價值，遠遠超越追求便利、實用與私利。這不是我或你的真相，不是保守派或自由派的真相，也不是西方或東方的真相，而是某樣事物的唯一真理。也許平凡無奇，仍是**唯一的**真相。這樣的真相，要如何才能獲得？能尋求誰的協助？如何確定提供的管道誠實客觀？

有時候，某個人、某個團體或組織有特定動機或既得利益，所以我們能輕易看出，他們抱持特定的觀點。舉例來說，香菸產業代表告訴你抽菸其實沒什麼害處、人們誇大吸菸的健康風險，你應該會馬上否定這個說法——他們當然會那樣說嘍。但人們也常在不必要的情境，誤用同一套邏輯去判斷別人的話。例如，一名氣候學家指出地球的氣候正在快速變遷，人們有必要改變生活方式，以免引致災難。氣候變遷否定論者會反駁：「這個嘛，他們當然那樣說……他們被某某某收買了。」（某某某可能是環保團體、綠能公司或看似自由的學術圈）

我不否認這句嘲諷的話確實說中某些情況。我們都知道某些例子，研究的贊助方具特定意識形態或追求特定利益；也要小心「資料捕撈」（data dredging，又稱P值駭客），即有心人士為了找出具統計意義的資料，以不正確的方式進行分析，只提出有利於己的結論[1]。這一點，待第六章提及確認偏誤（confirmation bias）時再深入討論。這些是無可避免的偏誤，話雖如此，一般人對科學心生懷疑或排斥科學發現，往往是因為誤解了科學的運作方式。

在科學界，某一項解釋只要能通過科學方法的檢驗，就能成為世界的確立事實，為我們增添科學知識——確立的事實，不會改變。讓我說個我最喜歡的物理學例子。伽利略想出一套計算物體墜落速度的公式，他的公式不只是一套「理論」，四百多年後的今天，這套公式仍然為人所用，因為我們知道，它是正確公式。假如我從五公尺高的地方讓一顆球落下，球一秒鐘就會落地[2]——不是兩秒，也不是半秒，而是一秒。這是關於世界，已確立的絕對真相，永遠不變。

但我們發現，當事情牽涉到複雜的個人行為（心理學）或人與社會的互動（社會學），就無可避免地，存在許多些微差異和模稜兩可的空間。也就是說，人們對世界抱持不一樣的看法，導致事情常有不止一個「真相」。物理世界沒有這種情形，譬如球落地的時間，多少就是多少。當物理學家、化學家、生物學家等自然科學家告訴你事物非真即假，他們談的不是複雜的道德真理，而是世界的客觀真相。

為了讓你理解我在說什麼，接下來我要隨機條列幾件事，這些事情不是真的就是假的。它們的真假無須論辯，也不受人們的意見、意識形

1／例如參見：M. L. Head et al., "The extent and consequences of p-hacking in science", *PLoS Biology* **13**, no. 3 (2015): e1002106, doi:10.1371/journal.pbio.1002106。

2／其實會超出一秒鐘一些些（比較接近一．〇一秒），精確數值受我在地球哪個地方讓球落下所影響。地球的形狀不是完美的球體，每個地區具有不同的地質情況、海拔高度，甚至與赤道的距離也不相同，所以物體掉落所受的地心引力，在不同地區會略有差異。

態、信念或文化背景左右，我們可以用科學方法確認或否定其真實性；對這些事情的判斷，也不會隨時間而改變。有些讀者可能不願意接受其中幾件事實，或許會說「那只是你的個人意見」或「你怎能如此確定？我以為科學方法總有質疑空間」，諸如此類的話。我列出這幾件事是為了證明，儘管我們必須時時敞開心胸，接納科學領域的新想法和新解釋，而且深入理解一件事情後，原本以為正確的想法可能會改觀，但我們確實知道一些肯定的事。

我能這麼樂觀有自信，是因為假如科學界對以下事物看法有誤，那麼科學的知識殿堂將要盡數拆掉重建。更糟糕的還在後頭，那代表依據這些知識打造的一切科技都不可能問世。我認為那實在不可能，因此身為科學人的我相當確定以下事物的真假。

總之，清單如下：

一、人類曾經在月球上步行——**真的**

二、地球是平的——**不是真的**

三、地球上的生命透過物競天擇演化——**真的**

四、我們的世界在大約六千年前誕生——**不是真的**

五、地球的氣候正快速變遷，主要受人類行為影響——**真的**

六、沒有任何事物在空間的穿梭速度，比真空中的光更快——**真的**

七、人的身體約有7,000,000,000,000,000,000,000,000,000個左右的原子——**真的**

八、5G天線桿會散播病毒——**不是真的**

這幾個例子，我都能提供為數可觀的證據來證明真假。但那樣很無聊。另一方面，在我看來，不同意的人**並沒有**從科學的角度思考，探討他們不贊同的原因更有趣。舉可否證性的概念為例來說明。哲學家卡爾·波普（Karl Popper）認為，科學理論必須盡可能用一切想得到的方式去檢驗，才能知道理論的正確性，因此我們永遠無法**證明**某個科學理論是正確的。但只要一個反例就能證明理論錯誤。回想前面提到的白天鵝的例子，你就曉得我在說什麼了。

波普指出，可否證性的觀念是科學方法的重要特色。但波普的主張有個弱點，就是即便提出反例（例如某項實驗結果），反例本身也有可能是假的。反駁所有天鵝都是白色的證據「棕色天鵝」，也許只是一隻渾身泥巴的天鵝，就像我在前言提到的知名超光速微中子實驗。

可惜，陰謀論者就是鑽這個漏洞，去否定與自身偏好理論相反的一切證據。這類陰謀論包括：登陸月球是一場騙局、地球是平的，以及麻疹、德國麻疹與腮腺炎三合一疫苗會導致兒童自閉症。他們一律聲稱與理論相反的證據本身是假的。這是誤用科學工具的經典例子——他們否認及排斥對自身理論提出否證的證據，從來不提出符合科學理性原則的反駁原因，也不說明怎樣的證據足以否定自身理論。

反過來，事情已經千真萬確，**縱使**證據十足，也有可能遭人否定。這個情況更有意思了，可以分成好幾種。

最基本的一種是**直截了當的否決**：直接拒絕接受或相信事實。另外還有**採納不同解釋的否決**：雖然接受事實，但用不同角度去解釋，好符合自身的意識形態、文化、政治或宗教信仰。最後一種，也是最有趣的一種，是社會學家史丹利・柯恩（Stanley Cohen）新創的類別：**因引申含意而起的否決**[3]。意思是，假如A意味著B，而我不喜歡B，我就連A一起否定。

例如，演化論意味著生命是隨機演化而來，並不具有特定目的；這與我的宗教信仰相違背，所以我否定演化論是真的。或是要以行動阻止氣候變遷，我就必須改變生活方式；我還沒準備好要改變，所以我否定氣候變遷的說法，或否定我們能以行動改變現況。或是要阻止新冠病毒散播，我們必須聽從政府的建議，待在家中失去收入，到公共場所戴口罩；這些做法限縮我的基本自由，所以我拒絕相信要求人們這麼做的科學證據。

生活中有各式各樣模糊不清的真相，與科學鐵證天差地別。當某個說法混雜了一團複雜的信念、感受、行為、社會互動、決策制訂，或其他成千上萬個我們遇到或互相爭辯的議題，事情往往更加複雜，不是單純非黑即白。這並不表示那個說法不是真的，而是代表這個說法本身或許無法完全適用於每一種情況。即便是一個簡單的敘述句，都有可能視脈絡而時真時假，在某個情境是真的，另一個卻不是。

有時候，科學也有可能如此。當我說一顆球會在一秒的時間由五公尺高墜落地面，我沒有說這句敘述在怎樣的情境中是對的——也就是，只有在地球上才成立。一顆球由五公尺高墜落到月球表面，要花近兩秒半的時間，因為月球比地球小，施加的重力比較弱。我們是用同樣的科學公式來計算時間（這是絕對真相），但計算答案所用的數據不同。有時候，就連科學真相也視脈絡而定。[4]

3／這個概念寫在柯恩的著作：*States of Denial: Knowing About atrocities and Suffering* (Cambridge, UK: Polity Press, 2001)；他討論了人們如何利用各種方式閃躲、迴避令人不安的現實。

4／如果你想多了解真相的本質，應該拜讀已故科學哲學家彼得．利普頓（Peter Lipton）的著作。例如他在二〇〇四年英國皇家學會梅達華講座（Royal Society Medawar Lecture）發表的："The truth about science", *Philosophical Transactions of the Royal Society B* **360**, no. 1458 (2005): 1259–69, https://royalsocietypublishing.org/doi/abs/10.1098/rstb.2005.1660；或文章"Does the truth matter in science?" in *Arts and Humanities in Higher Education* **4**, no. 2 (2005): 173–83, doi:10.1177/1474022205051965。

簡單的事實也有可能擴大成更多的資訊，帶我們更深入了解一件事，將事實導向不同的方向。例如，不論在地球或月球上，「一顆球的落地時間」這項科學事實，解釋依據為牛頓的萬有引力定律。但我們現在有了愛因斯坦的相對論，對萬有引力的本質有更廣、更深的認識。

雖然（在特定前提下）球落地的時間是不變的事實，但我們現在更了解個中緣由。牛頓認為萬有引力是將球往地面拉的一股隱形力量，已被愛因斯坦的質量彎曲時空所取代（我沒有要在這裡解釋物理學，但如果你有興趣，我寫過一些非本科系也能閱讀的書籍和文章）[5]。有一天，就連這更深一層的認識，都有可能被更主要的重力理論取代；但一顆球要花幾秒落地，這個事實不會改變。

你也許會想，是啊，我們能從科學找出一些事實取決於情境的例子。那我們的日常生活呢？也是如此嗎？好的，有個例子，就是「多運動有益健康」。你也許會說，這句話怎麼可能會錯？但當你運動過度或健康狀況不允許你做某些運動，就是不對了。

有些人主張，決定某件事情是否為真時，應該要考量個人與文化偏見、社會規範和歷史脈絡。社會建構主義（social constructivism）主張，真相由社會歷程來建構，而且事實上，所有知識都是「建構」出來的。這代表我們對於何謂真相的這一層認知，也是主觀的。這個觀念甚至影響了科學對現實的重現，例如族裔、性別和性向的定義。

有時候，你可以提出一個有效的重要主張。但將這樣的論調無限上綱，可能會產生一種危險心態，認為社會取得的共識就是真相。我恐怕得

5／例如，我最近出版的著作《從物理學看世界》：*The World According to Physics* (Princeton University Press, 2020)。

說，這種真相是胡說八道。

科學家多半當然不是這樣理解世界。整體而言，科學在科學實在論（scientific realism）的基礎上進步，我們對物理宇宙的認識也更多了。科學實在論認為，科學提供一份逐漸接近真相的地圖，真相與我們的主觀經驗無涉。換句話說，不論我們決定如何解釋宇宙，就算我們對事情有不止一種解釋，宇宙都有不變的真相；要解開真相的是我們，不是宇宙。

我們也許永遠無法找到事情的正確解釋，在最佳情況下，我們只能希冀，有一種解釋能滿足一套完善科學理論的所有條件。例如，能解釋所有現存證據、提出新的可檢驗的預測，並將預測套用到我們的解釋上，評估及驗證解釋的正確性。又或者，我們必須等待未來世代想出更完善的理論或解釋，就像愛因斯坦對萬有引力的解釋，取代了牛頓的解釋。我的重點是科學家知道，即使我們對物理現實某一些方面的**理解**還很模糊，那並不表示，真實世界本身會因不同意見而改變。

那麼，理解到世界有客觀的科學真相，這件事能幫助我們判斷或主張資本主義的好壞嗎？還是能幫助我們判斷或主張墮胎的好壞嗎？讓我們快速檢視一下這些乍看之下明明白白的道德「真理」，接著再看一看，能不能用合理的論點，去檢驗主張的客觀性。

請看以下四種主張：

一、善良和有愛心地對待別人是好事。
二、殺人是不對的。
三、人類受苦受難是糟糕的事。
四、如果比起好處，造成傷害的可能更大，這個行動就是不好的。

乍讀之下，你可能認為這些描述沒有一句有爭議。沒錯，這些都是普世認同、絕對的道德真理，但我們得將這些句子套入不同情境看一看，想一想第一句話。這句話可以理解成用不同詞彙敘述同一件事，你也可以說：「當個好人是好事。」所以某種程度上不具意義。那第二句「殺人是不對的」呢？如果你有機會在大屠殺發生前殺死希特勒呢？殺死一個人，而你**知道**，將能拯救上百萬名無辜的人，這樣「殺人」還是錯的嗎？第三句話談受苦受難，那歉疚和哀悼呢？這也是在受苦，但很糟糕嗎？人應該想盡辦法避免一**切**苦難嗎？還是接納某一些痛苦，讓那些痛苦賦予生命意義？來到最後一句。我們的行動或決定往往使某一些人受益、某一些人受害，由誰權衡利弊？

現在你知道，許多我們一開始認為一眼即判的道德真理，真的想挑毛病，並不難找（有誰在社群媒體上說某件事合理得不得了，也是一樣）。而且，我們嚮往接受和依循的道德真理，與科學的真相（例如球一秒鐘落地）是兩回事。

儘管如此，大多數的人同意，世界上**確實存在**一些關於人類行為的品格特質及道德準則，橫跨時間與文化，每個人都應該至少試著去遵循和實踐，例如愛心、善良、同理心。這些特質是演化的優勢，在人類和高階哺乳類動物身上發展相當健全。即便現階段，此類特質隨社會進步，已不再為人類生存所必備，也絲毫不減損我們的推崇。

先前提到的四點主張，套入不適用的背景脈絡，就足以顯示這些話非絕對正確，不需要設想與事實相反的情境也能破解。但在適用情境下是對的，說明了道德真理要有正確的框架，就像「球一秒墜落五公尺」的科學真相，你也要留意，將其放在正確的框架裡——球一秒墜落五公尺的敘述，唯有指明發生在地球上，才是對的。

日常生活要克服許多複雜糾結的問題。不同說法在適用領域是對的，兩個完全相反的觀點，往往都有其基礎事實。我敢打包票，你的想法之中有許多無法簡單斷言真假。這些想法以真相為核心，摻雜了各種假設、誤解、偏見、猜測、願望或誇大其辭；但是只要你準備好，願意努力，就能將它們統統過濾掉，留下純粹的事實——使虛假顯露，留下珍貴的真相。如此一來你會知道，如何在回答某個問題時，發表更有見地的看法。像科學家一樣思考的意思是細細拆解事情的組成面向、分別從不同角度思考，同時也往後退一步，拉開距離，拓寬眼界。

沒錯，有許多身分職業的人都在這麼做，包括努力破案的警探、揭發政治醜聞的調查記者、診斷疾病的醫生。從事這些行業的人用科學方法分析問題，找出隱藏的真相。他們受過嚴謹的訓練、擁有完備的技能，所以辦得到。但就算不像他們那麼厲害，我們每一個人都能將相同的基礎科學原理帶入生活。所以，別一股腦兒地接受看見或聽到的事，請仔細分析、拆解、考量所有可靠證據，並思考每種可能的選項。

儘管人類有各種缺陷和弱點、偏見和困惑，世界的真相依然存在——這是不論我們相信與否，都存在的客觀真相。別相信對你說世界沒有真相的人。

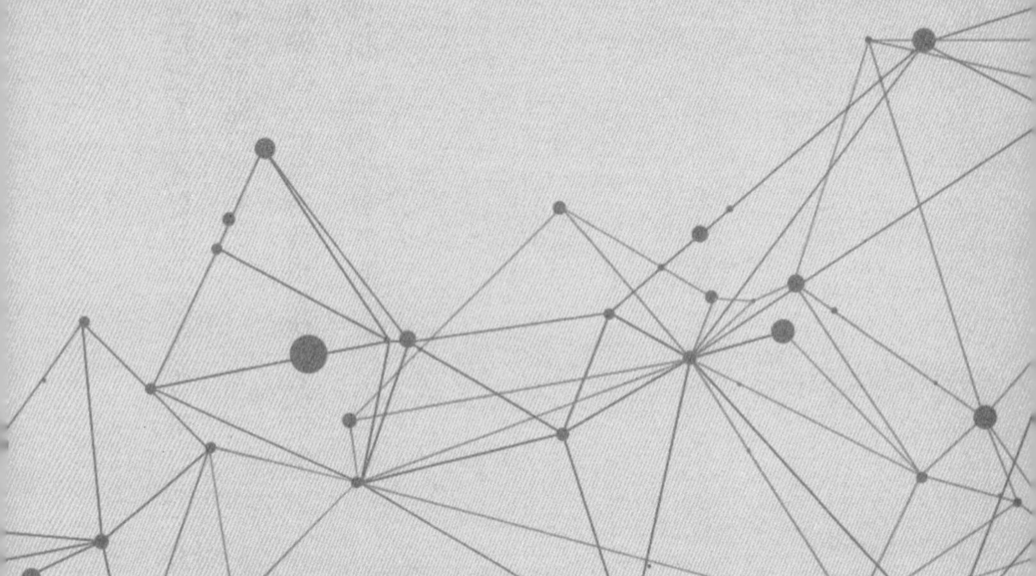

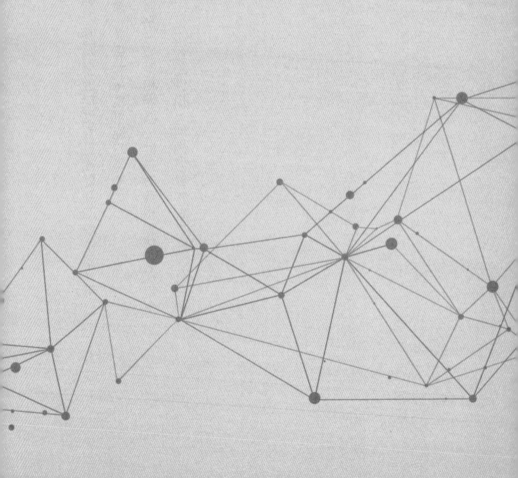

Ch.2

演化論與奧坎剃刀原理

小心，事情比那更複雜

Theory of evolution
Ockham's razor

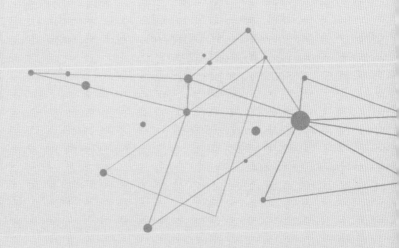

有人說，最簡單的解釋往往最好。畢竟，為何事情要弄得比需要的更複雜？我們經常在日常生活套用這個假設，只可惜它並非永遠正確。比起複雜解釋，簡單解釋更有可能是正確的——這個概念稱為「奧坎的剃刀」（Ockham's razor），命名自英格蘭中世紀修士與哲學家「奧坎的威廉」（William of Ockham）。

奧坎剃刀原理在科學領域有個知名的例子，是它推翻了古希臘人的地心說模型——即地球位於宇宙中心，太陽、月亮、行星、恆星，全都圍繞地球運轉。所有天體以完美的同心球形態繞著我們轉，這美麗又吸引人的核心概念盛行了兩千年之久。然而人們觀察到行星的運行是有變化的，例如：火星的移動時快時慢，甚至會向後折返。[1] 必須想辦法解釋那些現象使得地心說日益繁複。

為了配合行星的「逆行」，地心說在原本的行星軌道上，加入了小圓軌道「本輪」（epicycle），以確保模型與天文現象相吻合。後來又增添其他解釋，例如：地球的位置與其他天體共同繞行軌道的中心略有差距。後來，哥白尼在十六世紀提出地球不是宇宙的中心，太陽才是，以更簡練的日心說推翻了湊合解釋天文現象的地心說，並取而代之。

地心說和日心說模型都「能預測」天體的運行軌跡，但我們現在知道，只有一個模型是對的，就是哥白尼所提的、較為簡明扼要的日心模型——這個模型沒有一大堆額外添加的蹩腳解釋，符合奧坎剃刀原則。

1／我們現在知道，原因出在我們是在地球上觀看火星。火星和地球對太陽的繞行軌跡，距離和速度都不一樣。地球與太陽的距離比較近，所以行進速度比火星快一些。因此，火星的一年等於地球的六百八十七天。

但如此敘述並不完全正確。儘管哥白尼修正了天文理論，指出太陽才是已知宇宙的中心，他仍然相信行星繞行圓形軌道，而非較不「優美」的橢圓形軌道（一直要到克卜勒和牛頓的研究成果問世，人們才知道軌道是橢圓形的）。事實上，哥白尼並未揚棄舊有地心說模型裡附加延伸的種種解釋——他需要這些理論來支持自己的日心說。我們現在知道，地球確實繞太陽運行。而現代天文學也告訴我們，太陽系的運行並非奧坎的剃刀，它其實比古希臘人所能想像還複雜許多。

達爾文的物競天擇演化論是科學史上另一個知名例子。它指出，我們在地球上所見到種類驚人的生命形式，歷經數十億年演化，全都來自相同的起源。達爾文的理論建立在幾項簡單的假設上：一、每一個物種有各式各樣的個體；二、個體差異會遺傳給下一代；三、每一代誕生的總個體數大於可存續的個體數；四、較能適應環境的特質，存續和繁衍機率較大。說完了。演化論就是如此簡單。

但這些極為簡單的假設衍生出科學領域最具挑戰性、複雜程度令人咋舌的演化生物學與遺傳學。真要用奧坎剃刀來解釋地球上的複雜生命的話，那麼非科學的神創論（所有生命皆由超自然的造物主創造，從一開始就是現在的樣子）絕對比達爾文的演化論要來得簡單多了。

由此可知，最簡單的解釋不一定正確，正確的解釋往往不像一開始所想那麼簡單。將奧坎的剃刀帶入科學，並不是要告訴我們，新的理論比較簡單或假設比較少，就該用新的理論取代舊的理論。我傾向於從另一種角度去詮釋奧坎的剃刀：比較**實用的**理論較佳，且更能精準地預測世界上的種種事物。簡單，不是我們追求的終極目標。

日常生活也是如此。事情往往不如我們想的那麼簡單。套句愛因斯坦的話，事情愈簡單愈好，但不過於簡化。儘管如此，人們似乎普遍認為事情愈簡單愈好。我們看到一股簡化論述的趨勢，道德和政治相關的議題上更是如此。事情省略了全部的細節和複雜點，一律化約至最小公分母，議題濃縮成為迷因及推特（Twitter，現已改名為「X」）貼文，少掉了所有的細微差異。

人難免會在理解渾沌世界的過程，將複雜議題簡化成明確簡潔的觀點，而忘了當我們選擇淡化或凸顯某些環節，別人也可能用他們的方法去化約。以至於一個複雜的議題往往能歸結出兩種以上截然不同的觀點，不同觀點的擁護者皆視自身觀點為無庸置疑的真相。

現實人生與科學裡有太多混亂難解的事，我們應該考量各種因素和斟酌點後再去評斷。只可惜，現在有太多人只停留於表面，不願多深入了解一些。他們說，簡單就好，別用細節來混淆我。可是，當你正視事情的複雜度，並從不同的觀點檢視，反而會驚訝地發現：事情清晰、簡單許多，也更容易理解了。

物理學家深知這個概念。我們說「視參考座標系而定」（reference frame dependent），所以將一顆球從移動的汽車丟出去，球以什麼速度移動，視觀察者的參考座標系而定。例如，在車內的人和在路邊的人，兩個人看一顆球，速度不一樣。球速**沒有絕對值**。車內外的觀察者說球速不同並沒有不對。他們在各自的參考座標系裡，所說的都是對的。

有時，視角和規模會影響觀察者對事物的理解。一隻螞蟻看見和體驗到的世界，與一個人、一隻老鷹、一隻藍鯨看見和體驗到的世界大不相同。同樣地，太空裡的太空人觀察到的，也與地球上的人類同胞觀察到的不同。

參考座標系會影響我們對世界的觀察，這個關聯性會使我們更難找出世界的「真相」。事實上，許多科學家和哲學家主張，我們不可能確知世界的真相，因為我們只能表達我們的**認知**（即心智對感官訊號的詮釋）——這麼說是對的。但外在世界並不受人左右，我們應時時刻刻盡最大努力，去尋找非主觀、與參考座標系**無涉**的理解方式。

將解釋、描述或主張簡化，不總是壞事。事實上，這麼做也許很管用。科學家為了真正理解某個物理現象、揭示本質，會試著除去非必要細節，使梗概顯現（總是做到「事情愈簡單愈好，但不過於簡化」）。例如，在實驗室進行實驗時，通常會控制一些特定條件，以人工方式打造理想環境，讓現象的重要特性更容易被研究。但可惜，我們很難用這個方式去研究人類行為。

真實世界不僅混亂，還經常複雜得不得了，無法簡單化。有一則知名（至少物理學家都曉得）的笑話是這樣說的。有個酪農業者在找辦法增加牛奶的產量，於是找上理論物理學家。仔細研究後，物理學家告訴他方法找到了，只不過前提是牛身要是一個球形，而且牛隻生活在真空的環境。[2]並不是每一件事都能予以簡化。

幾年前，我在ＢＢＣ廣播節目《科學化的生活》（*The Life Scientific*）訪問希格斯粒子命名由來的物理學家彼得・希格斯（Peter Higgs）。[3]我問他，能不能用三十秒講解希格斯玻色子是什麼。他嚴肅地望著我搖搖頭——而且不得不說，他的表情不帶歉意。他解釋，他花了數十載投入量子力學，鑽研希格斯機制的物理學原理，大家憑著哪一點認為自己有權期

2／用數學來描述球體，比描述形狀複雜的牛隻容易得多。而且在空氣被抽光（真空）的實驗室，表示空氣影響實驗結果的機率較小，尤其是實驗牽涉到極微小的分子，這些分子可能會在與空氣分子的碰撞下受到衝擊。

3／希格斯玻色子是一種存在時間短暫的基本粒子，一九六〇年代有一些理論物理學家預測希格斯玻色子存在，彼得・希格斯也是其中一位。最後在二〇一二年，由日內瓦「歐洲核子研究中心」（CERN）的大型強子對撞機探測到希格斯玻色子的存在。

待如此複雜的題材能三言兩語地濃縮成簡短的金句？

偉大的物理學家理查・費曼（Richard Feynman）也曾有類似的故事。一九六〇年代中期，他榮獲諾貝爾獎時，一名記者問他，能不能用一句話來解釋讓他得獎的研究。費曼的反應史上有名。他說：「老天！要是我能用幾個字來解釋整套理論，那這套理論就不值得拿諾貝爾獎！」

對於不理解的事物尋求最簡單的解釋，這是人類天性。一旦我們找到了簡單的解釋，便會緊抓不放。這是因為我們不願耗費心力，徹頭徹尾理解較複雜的解釋，而有傾向於緊抓簡單說法的強烈心理。科學家也一樣，連最優秀的科學家都不例外。

一九一五年，愛因斯坦完成廣義相對論，沒多久便以廣義相對論方程式去描述宇宙的演化。但他發現，宇宙的各種物質相互產生重力、彼此吸引，方程式預測宇宙正在向內崩塌。愛因斯坦認為宇宙並不像是在崩塌的樣子。針對這點，最簡單的假設就是：宇宙是穩定的。於是他修正方程式，選擇用最簡單的數學「手段」解決問題：在方程式中加入「宇宙常數」（cosmological constant），抵銷物質相互吸引的累積力量，讓宇宙模型穩定。

但很快就有其他科學家提出不同的解釋：假如宇宙根本不穩定呢？假如宇宙實際上正在變大，重力其實在延緩宇宙的擴張速度，而非導致崩塌呢？天文學家愛德溫．哈伯（Edwin Hubble）在一九二〇年代末期證實了這個說法。愛因斯坦明白他的「數學手段」已無用武之地，便拿掉宇宙常數，指出這是他生涯最大的疏失。

然而時序跳至現今，我們發現，科學家再次認同愛因斯坦的數學手段。一九九八年，天文學家發現宇宙不僅在擴張，擴張速度還愈來愈快。某一種東西在與物質相互吸引的累積力量抗衡，致使宇宙擴張加快。由於找不到更好的名稱，我們將這股力量稱為「暗能量」（dark energy）。這個好例子說明了科學認知會隨新證據、新知識的積累，而持續擴增。

事實上，愛因斯坦是以一世紀前的知識為基礎，去選擇最簡單的解決辦法。他的選擇依據不對。他假設：宇宙是靜止的，並未擴張或崩塌。今天，人們似乎仍然需要借用宇宙常數來描述我們所在的宇宙，只不過，背後理由比愛因斯坦所知道的更複雜。故事到這裡還沒完——人們至今尚未釐清暗能量究竟是什麼。

因此科學家會試著不受奧坎剃刀所迷惑。最簡單的解釋不見得是對的，最好將這一課進一步融入日常生活。我們身處在一個充滿金句、標語，以及能即時取得新聞、資訊的世代裡，人們益發堅持己見、互不相讓。社會朝愈來愈兩極化的意識形態發展，需要公開討論和詳細分析的複雜議題淪為非黑即白，沒有中間的細微差異，只有兩種對立的觀點，較勁的雙方都堅持自己一定是對的。

事實上，要是有人敢大聲喊出，某個議題比兩方願意承認的更複雜，他可能很快就會發現，自己遭受兩邊夾擊——沒有百分之百支持，你就是敵人。

我們何不將科學的正字標記：「檢驗」及「交叉查證」，運用一些到我們關心的政治和社會議題上呢？愛因斯坦發現宇宙不像自己所認為的那麼簡單，承認犯了嚴重失誤。如科學暢銷書作家班・高達可（Ben Goldacre）在著作中所強調，平凡生活亦如科學，並非總那麼簡單。[4] 我們所**希望**的簡單解決方式不見得最好，更不會因為我們希望有解，就代表

4／Ben Goldacre, *I Think You'll Find It's a Bit More Complicated Than That* (London: 4th Estate, 2015).

方法存在。簡單論調不見得適用於拆解複雜議題。

我們經常聽到有些人說：不用想也知道這個、那個一定是真的、擺明了就是那樣，或說這是基本常識。科學家曉得，我們認為直截了當的自然現象解釋，甚至顯而易見的解釋，不見得正確。再一次用愛因斯坦的話來說：我們稱為常識的，只不過是早年累積的偏見。基於簡單解釋去認定某件事情為真，並非可靠的處世之道。評判議題前，最好記取愛因斯坦的前車之鑑。

捨棄先入為主的假設，再多努力一點，往下深入探索，才不會嚴重失誤。人們一直要到功能強大的望遠鏡出現，看見了宇宙邊緣的影像，才知道暗能量存在。愛因斯坦確實沒料到有暗能量，但探尋事物的真相通常比去發現暗能量容易多了。只要你準備好，多深入了解一些就能有所收穫，不僅會對世界有更豐富的認識，更將開創心中的理想未來。

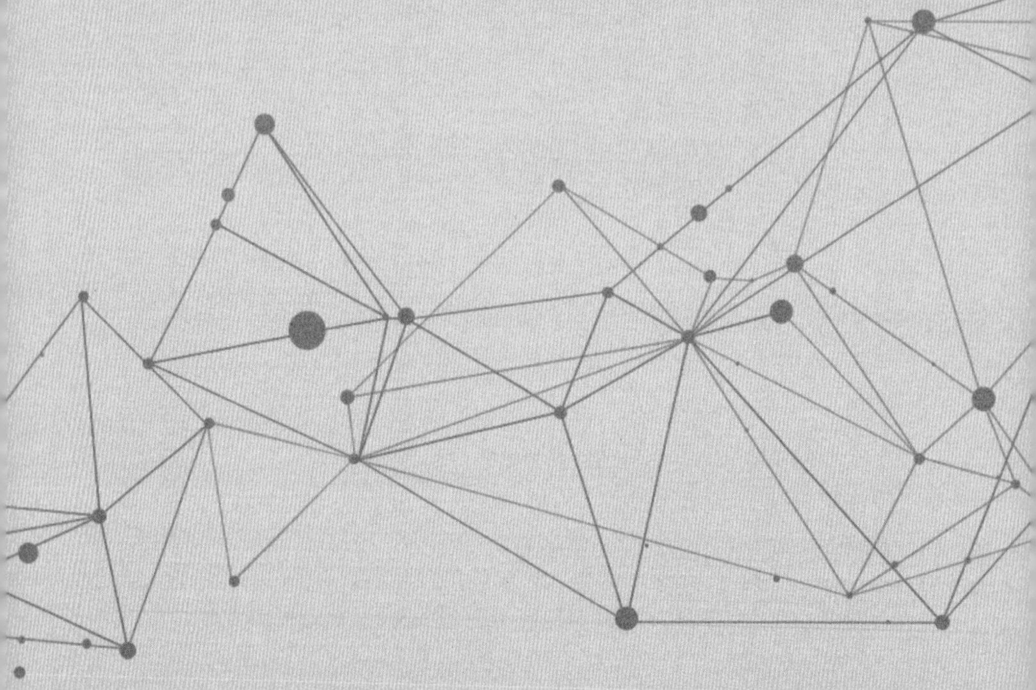

Ch.3

洞穴寓言與希格斯粒子

享受謎團，並樂於解謎

Allegory of the Cave
Higgs boson

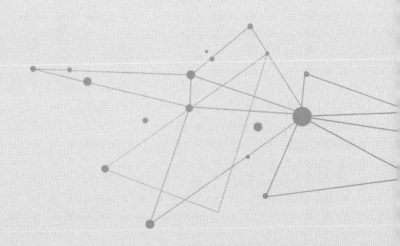

十幾歲時，我最愛收看電視影集《亞瑟克拉克的神祕世界》（*Arthur C. Clarke's Mysterious World*）。這檔共十三集的節目由未來主義科幻作家亞瑟・克拉克（Arthur C. Clarke）主持，探討世上各種難解的事件、奇怪現象和都市傳說。在這部影集中，謎團被分成三個類型。

第一類是從前的人疑惑不解，現在的人已經透過現代科學弄懂的現象。代表性例子包括：地震、閃電、大規模流行病等自然現象。

第二類是人們目前尚無法解釋，但有信心找出合理解釋的現象。這些現象留下人們仍無法透徹理解的謎。例子有英格蘭威爾特郡的史前巨石陣的原始用途，以及物理學界想要釐清的——將銀河系凝結在一起的暗物質的本質。

第三類是尚未找到合理解釋，除非改寫物理定律，否則無法解釋的現象。例子有通靈、鬼神之說和來自其他世界的幽靈、外星人綁架事件、花園深處的仙子。這些現象不僅與主流科學不符，也沒有任何實證基礎。

我們都能理解，第三類是許多人覺得最有趣的謎團，而且愈是奇怪，大家就愈喜歡。對於那些事情，我們都能提出足以排除其真實性的合理解釋，當然不能夠太認真看待，可是那樣就不好玩了，對吧？第三類現象並不是真正的謎，而是虛構故事，在不同的文化和年齡層間流傳。其中有一些在人們仍抱持找出合理解釋的希望時，曾經歸入第二類謎團。即使我們現在已經知道它們並非真實事件，不是真正待解的謎，對我們來說，這一類仍然重要，因為要是少了神話、民間傳說、童話故事，要是少了這些好萊塢電影素材，我們的生活將會變得空洞貧乏。

而當第三類謎團從無害的信念（如相信鬼魂、仙子、天使或外星訪客的存在）變得危險又不合理，可能會損害我們的幸福康樂。例如有人聲稱他們有超自然力量，以此詐騙無辜脆弱的人；或有人散播宣揚另類江湖療法、駁斥正規醫學治療，或拒絕讓小孩施打重要疫苗。發生這種事，我們不能袖手旁觀、毫無作為。

這一章的重點是第二類謎團——人們仍在尋找答案的難題。自然定律是符合邏輯且能夠理解的，這是科學中非常令人震撼的一項核心概念，但人們並非始終如此認為。

在現代科學誕生以前，迷思和迷信支配了人們的信念（第一類謎團），人們認為世界深不可測、難以理解，只有高層次的神聖力量知曉世界的運作。我們自滿於種種不解的謎，甚至歡慶無知。但現代科學使我們看見，當你提出問題並加以觀察，去展現對世界的好奇心，你就會發現曾經以為的謎團可以理解，而且有合理的解釋。

有些人認為，冷酷無情的科學理性主義沒有浪漫和神祕事物的存在空間。他們對進展快速的科學緊張不安，覺得對還不理解的事物試著找答案，或多或少破壞了對事物的敬畏和驚奇。出現這種觀點的原因之一，在於現代科學告訴我們，宇宙現象既無目的，亦無最終目標；人類存在於地球上，由隨機基因突變和適者生存的物競天擇一路演化。如此解釋人類的存在，意味著生命沒有意義，真淒涼。

有時候，我在社交場合或晚餐聚會上向非科學家解釋研究，感覺自己就像華特．惠特曼（Walt Whitman）詩中那位「博學的天文學家」[1]——用煩人的邏輯和理性主義破壞星星的魔力和浪漫，掃大家的興。但這麼說有失公允。美國物理學家理查．費曼曾經說過一段很多科學家都喜歡引述

1 / Walt Whitman, “When I Heard the Learn’d Astronomer” (1867), https://www.poetryfoundation.org/poems/45479/when-i-heard-the-learnd-astronomer。

的話。

背景是費曼有個藝術家朋友，不了解科學能帶給人們什麼。挫折的費曼說：

詩人說，科學家認為星星只是一團團氣體原子，抹煞了星星的美。沒有什麼是用「只是」就能囊括的事物。我也會在荒漠的夜裡觀看、感受群星。我看見的比較多嗎？比較少嗎？……有什麼模式、意義或原因？謎團帶領我們多了解了一些事，並未因此被破壞。詩人為什麼不提，真相比古往今來的藝術家所想像的更使人驚嘆？

揭開大自然的奧祕所需要的靈感和創造力，並不亞於藝術、音樂、文學活動。科學揭露的真實本質在在令人稱奇，並不是如某些人想像的——

科學盡是鐵錚錚的事實，枯燥又乏味。

你應該會很驚訝，儘管學者付出多年心血、耗資數十億美元打造全世界有史以來最具野心的科學設施「大型強子對撞機」，去搜尋希格斯粒子；儘管探討這項物質基本組成的強大數學理論，真的預測到希格斯粒子存在，但在二〇一二年，著名的希格斯粒子被發現時，許多粒子物理學家其實暗中希望，我們**不要發現它**——確定希格斯粒子不存在更叫人興奮！

事情是這樣的。假如希格斯**不存在**，那就表示，我們對物質的基本性質理解有誤，必須找出還能如何解釋基本粒子的特性——這待解的新謎團，令人期待。而希格斯粒子的發現，證實了我們的猜測。對好奇心十足的科學家來說，比起證實早已預測到的事，找出完全意料外的發現才叫萬分興奮。我並不想誤導你以為物理學家不樂見確認希格斯粒子的存在。不論結果是否出乎意料，我們都讚揚這個發現增進人類對宇宙的了解，當然比一無所知好。

努力了解周遭世界是人類的獨有特質，科學則是我們理解世界的方法。但科學不只用於解決謎團，它也確保了人類的存續。

且讓我們回到現代科學出現以前的十四世紀，想一想瘟疫（又稱黑死病）造成的恐怖災難。瘟疫，加上幾十年前的大饑荒，造成歐洲高達一半的人口喪命。

瘟疫不僅造成大規模死亡，也在社會上引發嚴重後果。由於缺少現代科學對疾病（或說對黑死病起源鼠疫桿菌）的理解，加上沒有抗生素的治療，許多人轉而瘋狂投入宗教和盲目迷信。再多祈禱都沒效，而後人們開始相信，疾病的蔓延必定是上帝要懲罰人類的罪。許多人因此做出駭人聽聞的事，例如為了得到上帝的原諒，去找代罪羔羊，殺害他們認為的異端、罪人和非我族類——羅姆人[2]、猶太人、修士、女性、朝聖者、痲瘋病患、乞丐——對象是誰，實際上並不重要。別忘了這可是中世紀，人們將大部分的事件發生歸因於巫術或超自然力量。

或許你會說，他們只是了解不深。時序快速推演七世紀，來到現代，看看人們如何因應新冠肺炎疫情。科學讓我們了解，這是一種由冠狀病毒引起的疾病，科學家快速描繪病毒的詳細基因密碼，開發出各種疫苗——各自巧妙地向身體細胞下達基因指令，製造對抗入侵病毒、保護我們的分子彈藥（抗體）。

現在，疾病不再是一個謎團。大部分的人並沒有冠狀病毒或冠狀病毒疾病的高深知識，我們感謝解開謎團的人，但我也要難過地指出，在當今

2 / Romani，即我們所知的吉普賽人（Gypsy），但英文 Gypsy 的由來是歐洲人誤以為羅姆人來自埃及，所以吉普賽人是有爭議的名稱。

這個時代，仍有許多人寧願駁斥這項知識，甚至主張他們才開明理智。

用柏拉圖的洞穴寓言，最能清楚說明人類對世界的好奇心和知識啟蒙非常重要、具有價值，勝於蒙昧無知。這個寓言故事描述有一群囚犯終其一生被鐵鍊拴在一個洞穴裡，面對著牆壁，無法轉身或轉頭。他們並不知道是因為背後有燃燒的火光，而且有人總是在火光前面穿梭，所以他們面對的牆壁才有影子。囚犯看不見身後製造影子的真人，影子就是他們所知曉的現實。他們聽見洞穴裡迴盪的講話聲，以為聲音來自影子。

有一天，某個囚犯被釋放，踏出洞穴時，一下子被明亮的陽光刺得睜不開眼，花了點時間適應。終於，他開始看見世界真正的樣子，發現東西是立體的、會反射光線。他了解到，影子並非物體本身，只是實體遮擋光線所衍生的現象。他也了解到外面的世界比在洞裡認識的世界好太多。

他替從未體驗過真實、感知有限的囚犯惋惜。他找機會回到洞穴，告訴其他囚犯自己的體驗。但其他囚犯認為，這名回到洞穴的夥伴神智不清，拒絕聽信他說的話。說實在的，有什麼理由相信他呢？他們看見的影子，就是他們所知曉的一切，他們無法理解還有另一種現實，沒理由去對影子的起源好奇，也沒理由去知道光和固態物質如何交互作用形成影子。我們能說，這些囚犯認為的現實與真相，和那名夥伴所知道的現實與真相，都是真的嗎？當然不行。

柏拉圖說，拴住囚犯的鍊子代表無知，我們不能責怪囚犯根據自己看見的證據和體驗，去相信有限的表面真實，但我們知道，世界上有更貼近真實的事。鍊子妨礙了他們尋找真相。

現實世界的鍊子不見得會把我們完全限制住，我們**還是會**對世界感到好奇，也會提出問題。我們就像那個被釋放的囚犯，體驗到的即是他所知道的真實，仍有可能抱持有限觀點，從某個參考座標系去看待真實。

換句話說，即使是那名被釋放的囚犯，也可能發現自己或許只是踏入一個更大的「洞穴」，仍然無法看見事情的「全貌」。同樣地，我們應該承認，我們對現實的看法也有可能受限，因為謎團仍然存在。我們不該自滿於接受謎團，而是時時努力設法深入了解。

雖然柏拉圖的洞穴寓言是兩千多年前的老故事，但也有現代版本，許多好萊塢電影描述的正是這個現象。例如，《楚門的世界》（*The Truman Show*）和《駭客任務》（*The Matrix*）。兩部電影都是闡述對現實真相的好奇會開啟人的覺知——看見事物的真實樣貌。不論其所見所聞是否為最終事實，仍然離真相更近一步；這麼做，總好過始終蒙昧無知。

我要說的重點是——科學並不如某些人說的，是要解開一切謎團。其實恰恰相反，科學承認世界上有許多謎團和令人不解的事，所以人們才要運用科學，去理解事物、解開難題。當有力的科學證據出現，證明無解的現象是真的、與現有知識體系**不符**，這是最令人興奮的一種結果。因為這就代表，人類將能擁有新發現和新知識。

換個方式來形容，拼圖的快樂在於一塊塊拼湊起來的過程。一旦拼完，會有縱覽全圖的短暫滿足，但這感受並不長久。若你是個熱衷於拼圖的人，應該已經在尋找新的拼圖了。我們的日常生活也是。生活當中有許多謎題，真正吸引人的是解謎過程，不是謎團。

我們都會在生活中不斷碰到不了解的事，有些我們沒有遇過，有些在我們的意料之外。不必因此惋惜或恐懼，遇到不知道的事情很正常，不需要退避三舍。對問題的好奇心、想要了解事物的好奇心，是科學的核心。我們都是天生的科學家。小時候的我們，透過時時探索和提問來理解世界。科學思維就在我們的ＤＮＡ裡。為什麼有好多人長大以後就不再對世界好奇，對不了解的事物自鳴得意，甚至滿足？

這不是我們需要的。我們都應該在謎團當前時提出問題，讓自己從無知的「枷鎖」釋放，放眼看看周遭世界。問一問自己是否看見了全貌，以及如何能夠了解更多。

我的意思當然不是每個人都得時時探索待理解的事物和找出解釋，畢竟，有些人的好奇心真的沒那麼旺盛。而且要是我們都有相同的行為模式，到處打探每一件事、為不存在的問題徒勞，即便知道有人懂也不接受自己不懂的事，感覺自己不得不一再浪費時間做些意義不大的事，會讓平凡生活變得有些棘手。再怎麼說，大部分的人即使有心，也沒有那麼多時間或資源，一直到處解決各種謎團。

如果你是這類好奇心較不旺盛的人，你能從這一章學到什麼寶貴的一課呢？面臨難解或使人困惑的事，沒錯，單純享受謎團，滿足感通常比較高——就像某個有趣或猜不透的魔術把戲，一旦知道怎麼變就沒意思了。

也不要緊，但我們要知道，日常生活中的許多事，當你了解了會更開心和有成就。覺知總比無知好。

當你擺脫限制住自己的枷鎖，請把握機會踏出洞穴，站在陽光下。

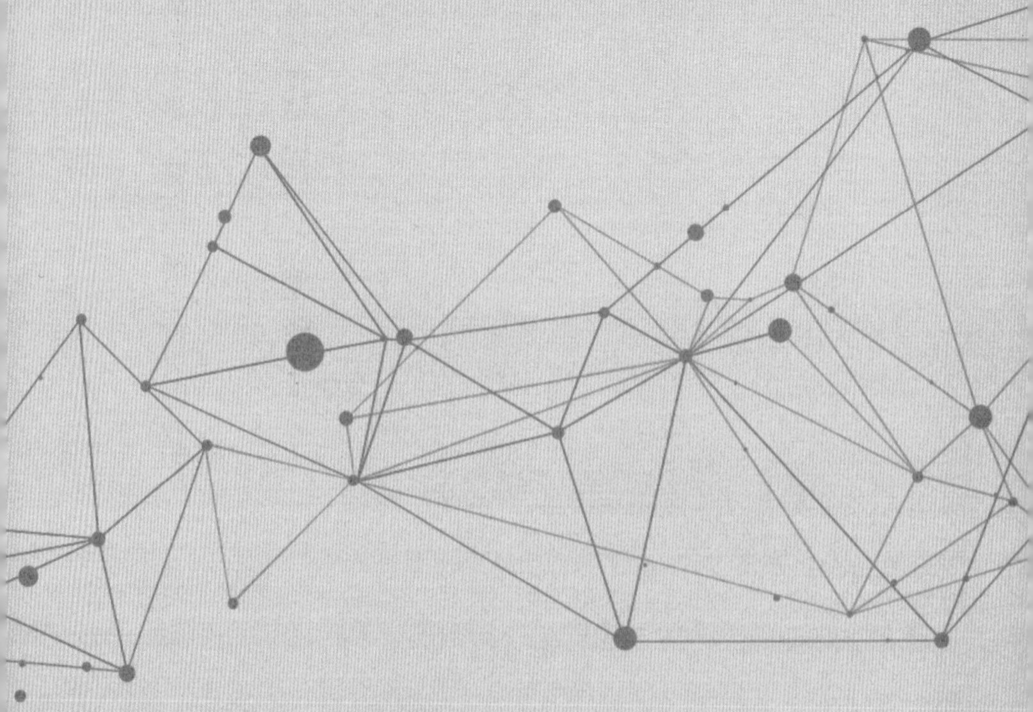

Ch.4

冒牌者症候群與相對論

面對不了解的事物，試過才知道

Impostor syndrome
Theory of relativity

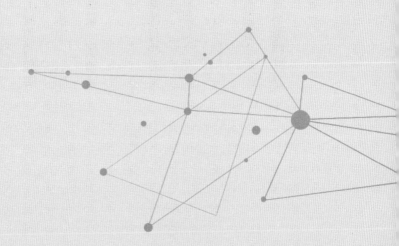

一樣米養百樣人，我們的思維也各自有異。但我們不該以此作為不去理解事物的藉口。如果你願意花心思，幾乎沒有什麼事能超出我們的理解範圍。別忘了，不論你是水管工人、音樂家、歷史學家、語言學家、數學家還是神經科學家，**每一個人**都是投入了心血和時間，才精通某一個領域的知識。

我的意思不是每一個人都有理解困難概念的心智能力，就像有些人天生有運動、音樂或藝術細胞，有些人數學理解力強，有些人則是天生擅長邏輯思考。當然，也有些人記憶力很強——如果你記憶力不好，你也一定認識某個親朋好友，總是能記住和講出一大堆資訊，在益智競賽中表現頂呱呱。我不是這種記憶力很強的人，所以我選擇物理系，而不選擇需要「記很多」的化學和生物系（這是當年我對這兩門學科的看法）。

許多人會在生命的某個階段出現冒牌者症候群的現象——感覺不夠格接下被託付的任務，或他人的期望高於自身能力。這通常出現於剛開始從事一份新工作、身邊圍繞對工作上手的人、其他人似乎懂得比我們多很多的時候。我們告訴自己，清楚自己的能力和能耐，心生疑惑、感覺不安很正常。我們認定自己不夠好，擔心要不了多久會被大家發現，就再也裝不下去。當你面對需要時間熟悉的新事物，出現這種反應再自然不過。

這在科學領域尤其常見。我任教的薩里大學（University of Surrey）物理系會固定舉辦講座研討會，參加對象的範圍從博士生到資深教授。若不是對自身能力毫不懷疑，否則很少學生有足夠自信打斷講者，請對方重新說明演講內容。因為在他們的想像中，這樣會暴露自己對主題知識淺薄。

有趣之處在於，通常資深教授提出的問題「最笨」。這是因為有時候乍看非常基本的問題，反倒能引出深刻的見解。但也經常不是這樣。我要說的重點是，只有對研討會主題非常熟悉的人才會認為問題很基本。教授們曉得，自己不可能了解每一件事，尤其是專長以外的領域，所以不必為暴露無知而羞愧。他們也有可能是想替其他在場的人士提出疑問，例如，可能沒信心自己提問的學生。

放大到社會來看，像我這樣的科學家之所以努力傳遞科學概念，一部分原因在於我們了解科學知識普及的價值。包括參與控制全球蔓延的疾病、因應氣候變遷、保護環境或採用新科技，當社會大眾能對基礎科學原理有某程度的理解，一定有所幫助。除了需要對議題有些了解，還要願意照科學知識去做。這次新冠肺炎疫情，社會大眾被要求「相信科學」和「依照科學建議」保持社交距離、戴口罩和在各方面負起責任，便彰顯了這一點。

我認識不少人害怕不熟悉的複雜概念，當我試著和他們談論科學議題

（例如我在研究的題材），他們會打退堂鼓，只想將話題引導到（他們覺得）比較有趣的方向。但當他們表現出缺乏信心，覺得自己無法理解和談論科學話題，我會想去正面挑戰他們。因為這種心態非常不利，還會感染其他人。更糟糕的是，他們可能將心態傳遞給子女，導致子女對科學及科學教給我們的良好思維習慣也退避三舍。那會是一場悲劇。

科學家很早就學會的一課是：如果我有某個不了解的概念，最可能的原因是還沒時間詳細鑽研。身為一名物理學家，我有信心談論物質性質、空間、時間，以及將宇宙維持在基本穩定度的力量和能量。可是我對心理學、地質學或遺傳學幾乎一無所知。

我和大家一樣，對這幾門（及其他）科學領域所知甚少。但這不表示我如果專心投入，用足夠的時間學習，無法成為領域專家。不是我心高氣傲，因為這裡的「足夠的時間」意味著數年，也或許是數十年，而不是幾小時、幾天的功夫。儘管如此，我仍然能和這些領域的專家來一場興味盎然的知性對談。前提是他們不用太專業的詞彙，我也要集中精神聆聽。

我在BBC廣播四臺主持《科學化的生活》十年，與不同領域的佼佼者談論各種科學主題，做的就是這件事。我不需要是一名專家，只要懷抱熱切的好奇心就足夠了。熱切求知和好奇心，這兩樣都不需要經過科學訓練也能擁有。生活的其他方面，普遍而言也是如此。

我並不是要說為了在疫情期間做好自我防護，每一個人都得接受訓練，成為一名流行病學家或病毒學家。舉例而言，即使是頂尖的物理學家或工程師，沒有任何一個人能夠完全了解一支現代智慧型手機的所有科技。也沒有任何一個人需要透澈了解一支手機，才能讓手機發揮最大功效。你不需要深入了解手機內所有的電子零件，也知道如何使用手機的應用程式。

但在其他的生活場合，對一件事了解得更深入一些、不只停留在表層，會使你從中獲益、幫助你完成重大決定。例如，知道細菌感染和病毒感染的差別，以及抗生素只能治療細菌感染，疫苗則能幫助我們不受病毒感染。

說到這裡，我覺得應該要舉個困難的科學概念來說明這點。你也許會認為下面這個概念超出自己的理解範圍，但請遷就我，讀一讀接下來這幾頁。如果你能讀完，並不是我多會講解，完全是你自己的功勞。因為對熟悉內容的我而言講解很容易，而要理解全新的困難概念，可不簡單。

請思考下面這個謎題：如果你手裡拿著鏡子，將鏡子對著臉部，以光速飛行，你會在鏡中看見自己的倒影嗎？畢竟，想要看見鏡中倒影，條件是光照到臉上，反射到面前的鏡子，再反射回你的眼睛。

既然根據物理定律，我們確知沒有任何東西超越光速（回想一下有名的超光速微中子實驗失敗的故事），如果你**是以**光速移動，鏡子本身正以光速遠離反射過去的光，光要如何從你的臉上射入鏡中？一定會像傳說中的吸血鬼那樣，無法看見自己的倒影。

這個嘛，這樣想就錯了。怎麼會呢？讓我們來一起解開這道謎。

想像你在一輛火車上，一名乘客順著火車行進方向經過你的位子。你和她都在和火車一起移動，所以她經過你的步行速度，和火車靜止時她經過你的步行速度一樣。就在此時，火車行經某個車站，月臺上有一個人，他也看見了這名在車上行走的乘客。對他來說，那名乘客的步行速度，等於她自己的步速**加上**比她快更多的火車行駛速度。

問題來了：乘客移動速度**究竟**多快？坐在列車上的你測量到的步行速度是對的，還是車外觀察者測量到的步行速度**加**火車行駛速度是對的？如果你認為月臺觀察者測量的步行速度，才是乘客的「真正」步速，請想一想，火車沿著地表上的軌道快速前進，而地球正順著軸心自轉，同時依軌道繞行太陽。或許對某個在外太空漂浮的人來說，由於火車下方的地球也在移動，所以火車看起來是靜止的。

乘客步行速度究竟多快這個問題，火車上的你和月臺上的觀察者，在你們各自的參考座標系裡，**答案都是正確的**，因為步行者的速度沒有唯一真值。所有運動都是相對的。這正是相對論的核心概念。相對論這個名稱，說明了一切。

現在，讓我們回到光速的性質。學校教我們：光以波的形式存在，波藉某種東西傳遞，這個「東西」必須要會「晃動」或震動才行。例如，穿過空氣的聲波，需要空氣才能前進，因為聲音只是空氣分子在震動。所以真空狀態的空間沒有聲音。由此可知，光波也需要某種協助傳遞的介質，於是十九世紀，科學家開始探索那是怎樣的介質。畢竟光波和聲波不同，它可以穿越真空，從遙遠的星星來到我們的眼睛。

人們假設，太空中一定充滿了某一種能傳送光波的媒介物，並將之稱為「以太」。科學家設計出一項很有名的實驗來測試以太是否存在，卻沒有找到以太存在的證據。愛因斯坦則是指出，不論我們測量光速時以多快或多慢的速度移動，都不會影響光穿越空間的速度。回到剛才討論的火車例子，意思就像是你（在火車上）和月臺上的觀察者，對火車上行走的人，所測量到的速度是一樣的。這怎麼可能呢？聽起來很瘋狂，但實驗結果證實，這就是光的行進狀態。

接下來進入下一步。想像有兩名分別在兩艘太空船上的太空人，在空無一物的空間內，以高速朝對方前進。由於所有運動都是相對的，所以太空人無法判斷自己或對方是否在移動，以及移動速度多快，只能確知太空船正互相靠近。其中一名太空人朝對方發射一道光束，測量光從他這邊出發的速度。（用火車的例子來比擬，這束光的前進速度，就像是那個在行進火車上走路的人的移動速度。）

依照邏輯，這名太空人可以合理認為自己是靜止不動的，完全是另一艘太空船在移動。如此一來，他應該能看見光以每小時十億公里的速度（現代人已經曉得，光的實測速度為每小時十億公里）從他這裡出發。與此同時，另一名太空人也可以合理認為自己靜止不動（從她的觀點來看，可能是另一艘太空船在移動），所以她對來到自己這邊的光束所測得的行進速度，同樣是每小時十億公里，不多不少。因此，即便他們互相朝彼此靠近，仍然測得相同的速度！

儘管聽起來不可置信，但關於我先前提出的那道謎題，我們至少得出了答案。手裡拿著鏡子，將鏡子對著臉部，以光速飛行，你仍然會看見自己在鏡中的倒影。因為不論你的速度為何，光都會以每小時十億公里的速度離開你的臉，碰上鏡子，再反射回你的眼睛，一如你完全沒有移動的狀態。真空中的光速是自然界的基本常數，不論觀察者移動速度多快，數值都不會改變。這是非常深奧的科學概念，需要擁有愛因斯坦那樣的天才頭腦才想得通。

要透澈理解愛因斯坦的論點，必須解釋得更詳細。這麼做超過我們目前在這裡所需要理解的內容，但每一個人若付出時間和努力都能理解。[1]我們都能比自己一開始所認定的理解更複雜的想法。有些想法和概念需要花時間、付出努力才能理解，沒有關係，即使我們並非全像愛因斯坦那樣聰明，即使我們沒有接受那麼多的物理學和數學訓練，只要有開放的心胸和付出一點努力，仍然能從愛因斯坦的想法和方程式中，了解一部分的核心概念。

我們不需要全部都是愛因斯坦，甚至不需要是物理學家，也能理解光的行進方式，或關於時空本質的深奧概念，就像我們不需要研究疫苗學，也知道注射流感疫苗能保護健康。我們可以站在巨人的肩膀上，在他人付出多年努力、獲得能與我們分享的專業知識後，仰賴他們的力量與知識。因此，即使一時半刻無法理解，我們仍然可以花時間努力嘗試。

有時候，這麼做不為別的，最好的理由就是能夠拓展我們的心智。有時候，這麼做能幫助我們做出對日常生活有益的決定。不管哪種，我們都因此活得更富足。

現代生活有一項特色，那就是主要由於網際網路的關係，我們都不得不一直選擇要將注意力放在何處——也就是「要將時間用於何處」，即使

1／有許多書籍以簡單的文句，向不一定有物理學背景的讀者解釋愛因斯坦的想法。你所需要的只有一顆渴望探索更多的心。例如，我在著作《從物理學看世界》（暫譯）進一步解釋了光的性質。

那只是幾分鐘而已。

今天，許多人都能馬上取得遠超過自己希望處理的訊息量，這意味著平均注意力跨度（average attention span）已愈來愈短。我們要思考和專注的「事物」愈多，所能投注在某一件事情的時間就愈少。

人們順理成章把注意力幅度縮短的錯怪到網路頭上。然而，社群媒體固然絕對有其責任，並非所有的錯都該由它承擔。注意力跨度縮短的趨勢可往前追溯到上一世紀初。那時候，拜科技之賜，人們能夠取得的資訊愈來愈多，這個世界開始逐漸成為一個相連的地球村。

今天，我們二十四小時接收即時新聞，資訊的產出和消耗量急遽上升。隨著形塑公共論述的議題數量持續增加，我們所能投入於一項議題的時間和注意力，當然會被壓縮。並不是說資訊的整體參與度下降，而是隨著爭奪注意力的資訊日漸稠密，我們所能分配的注意力變得比以前稀薄，結果就是公共討論逐漸流於零碎和膚淺。

在議題之間轉換的時間愈短，我們就愈快對前一個議題失去興趣。於是我們發現，自己漸漸地只會去參與感興趣的議題，以至於資訊吸納失去廣度，可能因此對自身熟悉領域外的資訊，缺乏評判的自信。

我並不是提倡大家都要在遇到的每一個議題上，投注更多的時間和注意力，例如從親朋好友或職場同事、書刊雜誌、主流媒體、網路或社群媒體所得到的資訊，因為想要面面俱到是不可能的。但我們必須學會分辨出，哪些議題重要、實用、有趣，哪些議題值得投入注意力和時間。就像費曼獲得諾貝爾獎，記者請他簡短說明獲得諾貝爾獎的研究，他在回應記者時所強調的，我們選擇多花時間思考消化的議題，一定會需要我們投入相當的心力。

在科學領域，我們曉得，要真正了解一個主題需要付出時間和努力。獎勵就是起初看似無法理解的概念，變得可以領會、容易理解了，甚至讓你覺得很簡單。再怎麼不濟，也就是認清那些議題確實非常複雜——不是因為我們沒能力透澈想通、理解問題，而是問題本身**真的**太複雜。

這是一項很重要的資訊，每一個人都能應用於日常生活。你需要氣候科學博士學位，才知道比起把垃圾統統倒入海洋，做回收對地球比較好嗎？當然不需要。然而下論斷前，花些時間多深入了解議題、評估證據和議題的相關利弊，長遠來看，可幫助自己做出更好的決定。

萬事起頭難，可是當你準備好試試看，所能克服的障礙，會比你想像的更多。

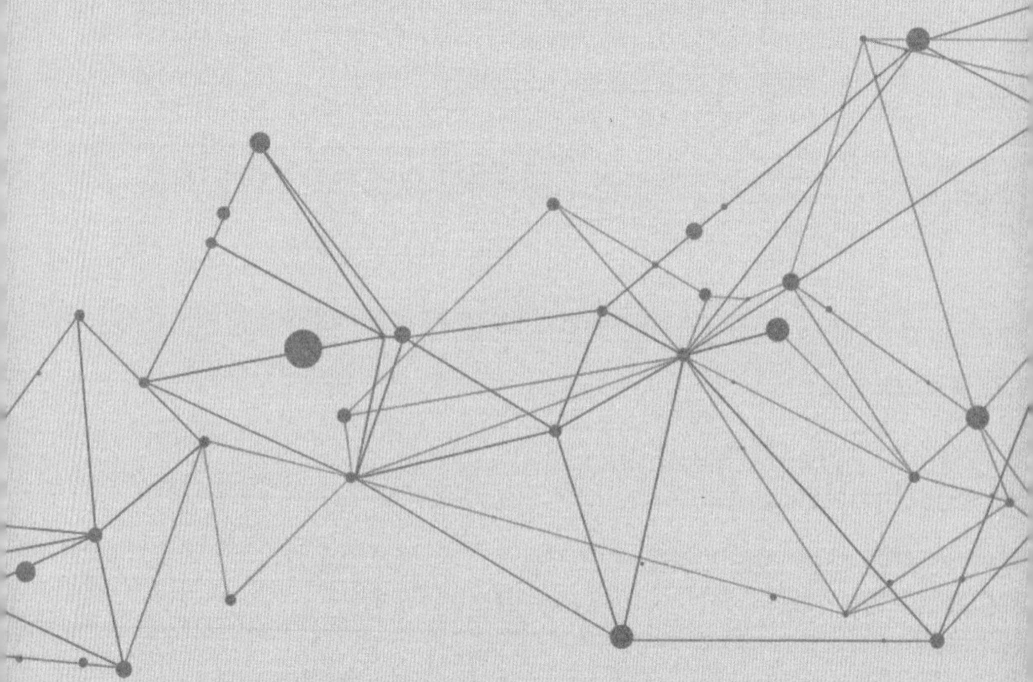

Ch.5

歸納問題與預防原則

不漠視證據、道聽塗說

Problem of induction
Precautionary principle

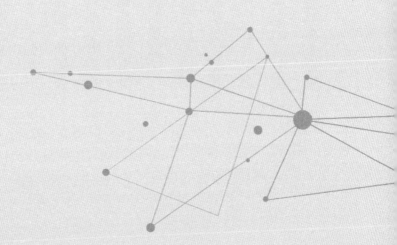

幾週前，我請水電師傅來家裡修理時不時就自動關機的熱水器。我告訴他，我看見熱水器的顯示螢幕出現錯誤代碼「F61」。他表示知道怎麼回事了，換一下電路板應該就能解決；熱水器出這樣的問題，他見多了，全都被他一一搞定。我相信他的判斷，也做對了，因為熱水器現在正常運作。我不可能懂得如何修理熱水器，但我相信自己請來的水電師傅，他是專家。我也相信我的牙醫、醫生，相信替我駕駛飛機的機師。

但我們要如何判斷能夠相信誰或相信什麼呢？我認為有必要好好說明一下這件事。因為我們每天都會接觸到各種資訊，需要判斷哪些合理有效（例如，以事實為根據、有可靠證據的資訊），而哪些只是話者的意見。在地球村的時代，不論個人或公眾，每天都要做出許多決定，這些決定需要有批判分析和可靠證據的支撐，所以分辨合理證據和意見愈來愈重要了。

最近，非常多人認為自己就像有證照的專家，有資格對每一種主題發表具有公信力的言論，但背後有的只是誇大自己的聰明才智。原因在我看來很明顯：我們能夠輕易造訪網路，促進了資訊的民主化，以至於有些人覺得自己不僅有權力抱持未深入了解或令人不悅的觀點，還能自信滿滿地將想法強加給旁人（在過去這是傳教士和政治人物的專利）。

這並不代表他們一定都是錯的。但我們要如何確定，別人告訴我們或我們從書刊得來的資訊能夠相信呢？我們要如何區分出有證據支持的確立事實和無知的意見？

雖然令人難過，但對全世界無數的人來說，從新冠肺炎疫情爆發以來直到現在，從未有現代事件像新冠肺炎疫情這樣，凸顯出關心有可靠證據支持的科學建議多麼重要。我們必須認識怎樣才是值得信賴的可靠證據，而且這件事或許並沒有你想的那麼簡單。

有些人會說，他們一眼就能看穿證據的真假。但那樣不夠。人有時只看見自己想看見的事，或預期看見的事。此時，我們會被確認偏誤影響（參見下一章），只要證據能支持我們所預先認定的事，不管其效力如何薄弱都會相信。這可不行，健全的證據必須要客觀公正，並建立在穩固可靠的基礎上。證據必須有可靠的來源，不能不一致或有另一種說法。如果你曾經坐在陪審席上，要對法律案件做出裁決，此時的你，必須盡可能客觀地評判案件的每一個方面，不能帶有任何偏見。簡單來說，你必須用科學的頭腦去思考。

「科學」的其中一項定義就是：**你可以經由這個過程，形成具有意義的陳述，其真偽以觀察得來的證據檢驗**。這是區分科學知識和其他信仰體系的好起點。宗教、政治意識形態、迷信，甚至主觀道德規範，這一類的信仰體系，並不像科學知識，需要證據的支持或必須經過驗證。但這條定義並未講明證據的**數量**和**品質**——需要多少證據或怎樣的證據品質——稱作「歸納問題」（problem of induction）。

當然，累積的證據愈多，知識就愈是可信。那麼由誰來決定什麼是可靠的證據，什麼不是？我們要怎麼知道，要掌握多少證據，才能對某件事的真偽有信心？這就取決於我們想把證據用於何處，以及參考證據做錯誤決定的代價了。只要有一丁點證據表示某款新藥會對人體產生有害副作用，就該立刻中止使用，直到我們對問題有更深入的認識為止。另一方面，必須要有大量證據，才能說服我們相信新的次原子粒子存在。[1]

歸納問題涉及「預防原則」（precautionary principle）。基本上，就是當證據出錯或不完整該怎麼辦？此時，我們必須衡量兩種做法所要付出的代價，一種是相信證據，並有可能根據證據來行動，另外一種是不行動，從這兩者權衡輕重。

許多氣候變遷懷疑論者主張，科學家無法確定氣候變遷是人為的。這麼說是對的，科學家無法肯定告訴你的原因在於科學裡沒有百分之百確定的事（但如我先前所說，那並不代表，關於世界，沒有確立的「真相」）。可是有壓倒性的證據指出，人類對近幾十年來正急速變遷的地球氣候有責任。小心為上，總勝過忽視證據毫無作為。

請想像一下，醫生告訴你，除非改掉一些生活習慣（例如戒酒戒菸），否則你只有幾年可活。即使醫生說她無法確定改掉習慣能達到預期效果，但她有九成七的把握。[2] 你會不會說「醫生，如果你不是百分之百肯定，那你也有可能錯了，所以我要繼續做我喜歡的事」？情況可能是，即使醫生說她只有五成的把握，你也應該還是會遵照她的建議去做吧？也或許不是。改變生活習慣對你來說也許太困難，也許你打算賭一把。

但預防原則是有但書的。當政治人物要做影響整個社會層面的重大決策，不論科學上的證據可信度多高，他們或許並不只會單純考量科學證據。我們在疫情期間見識到了這件事：拉高限制去降低病毒的傳播速度會傷害經濟、破壞生計、影響許多弱勢族群的心理健康和福祉。有時候，縱使擁有強而有力的科學證據，來支持我們採取某一項行動，但我們必須把整件事視為層面更廣、更複雜的議題——而且沒錯，身為個人，還有各自

1／卡爾・薩根有句知名格言：「超凡的主張必須要有超凡的證據支持。」這句話改寫自拉普拉斯的準則，該準則說：「超凡的主張，所提出的證據，分量必須與其奇異性成正比。」。Patrizio E. Tressoldi, "Extraordinary claims require extraordinary evidence: the case of non-local perception, a classical and Bayesian review of evidences," *Frontiers in Psychology* 2 (2011): 117, https://www.frontiersin.org/articles/10.3389/fpsyg.2011.00117/full。

2／有許多份調查指出，大約百分之九十七的氣候學家相信人類正在對地球氣候造成劇烈的負面影響。

不同的處境必須加以考量。

另外一個問題是，當我們正在想辦法尋找支持議題的證據，科學家說他們「相信」某件事是真的，會讓我們感覺被弄糊塗了。科學界人士所說的「相信」，和大眾平常對這兩個字的用法，意義不同。科學家這樣的判斷並不是（至少不應該）來自意識形態、一廂情願或盲目的信仰，其根據為：嘗試和試驗過的科學概念、觀察證據和過往累積的經驗。

當我說我「相信」達爾文的演化論是真的，這一信念來自許多可取得的演化論證據（以及缺乏可靠科學證據反駁演化論）。雖然我並不是受過訓練的演化論生物學家，但我相信受過訓練的專家具有相應的專業及知識，而且我自認有能力分辨什麼是有許多完善科學知識支持的有力證據，什麼只是盲目信仰、偏見或道聽塗說的個人意見。

科學家和各個領域的專家一樣，當然有可能理解錯誤，沒有人應該要盲目或無條件相信科學家。我們反而應該檢視，其他人是否也接受他們的說法。不過，這並不表示你可以貨比三家，去挑選喜歡或支持心中成見的意見。如果我的健康出問題，我也許可以花一整晚上網查找資訊、深入了解狀況，方便在下一次看醫生時，針對治療方式提出更適切的問題。但我不會因為不喜歡別人的意見，在某些議題上，與比我擁有更多專業知識及經驗的人爭論。

我們之所以能相信科學家及任何一位專家言之有物，不是因為他們特別，而是因為他們投注多年時間鑽研及累積專業知識。我是量子物理學的專家，但我不會因此對配管、演奏小提琴、駕駛飛機有任何獨到見解——儘管如果我花上好幾年的功夫接受必要訓練，也有可能表現很好。我不會和水電師傅爭執如何修理熱水器，他也不會跟我聊如何將哈密頓算符（Hamiltonian）對角化[3]。話雖如此，提問多多益善，此時你應該要期待和要求對方報以專業知識和證據，而非毫無根據的見解。

當然，光說自己有某個議題的專業知識並不足夠。一位花了許多年檢驗外星人存在證據的幽浮學家，也稱得上是專家。同樣地，認為地球是平的的陰謀論者也會強力主張，有大量證據支持他們的論點，所以論點能通過檢驗、證明為真。

因為他們沒有博士學位，或不隸屬於某個私人科學「俱樂部」，所以我們應該要否定他們的看法嗎？當然不是這樣。不過，雖然對新概念和其他觀點抱持開放的心胸很重要，但我們不應該心胸開放到把自己的判斷力丟掉。抱持開放心胸，同時做到詳細檢驗、批判調查，才是健康、有益的心態。

我們都認識聽信某種陰謀論的人，包括受政治意識形態影響的人，或只是看一看 YouTube 影片，卻被陰謀論洗腦的人。但陰謀論的存在就跟人類文明一樣古老。當無權無勢和對局勢失望的人再也不願隱藏在暗處，便會開始懷疑自己不了解的事物。或許他們會這樣想，真的是因為聽信了他人的謊言或遭到欺瞞，但他們的理論毫無根據，這機率同樣很高。意思並不是相信特定陰謀論的人不夠聰明，才會無法看清真相。

許多頭腦聰明、知道許多資訊的人，可能也有正當的理由，致使他相信不是真相的事。或許是因為，某些過去經驗導致他有理由不相信當權者，或單純因為無法得知全部真相。在此情況下，對他們說他們沒有看清事實的頭腦、是他們錯了，並不是好做法。他們也會對你抱持一模一樣的看法。

你要這樣思考：陰謀論者上一次揭穿真正的陰謀是什麼時候？他們是

3／這個專門用語指的是理論物理學中「矩陣力學」領域的一項數學技巧。

否曾經證明，除了自己的疑心，他們所相信的事件是真的？你這樣的想法，是陰謀論者最不樂見的結果，因為陰謀就是他們存在的理由。挖掘「真相」這項任務是他們的的動力和寬慰，定義了他們是誰。

陰謀論者賴以存在的力量有兩個，一個是他們會試著提出支持主張的論據，一個是論點為他們注入熱情。他們始終未能成功揭穿任何陰謀，與此同時，他們全然堅信自己的信念是對的。在他們的心中，支持他們的理論的大前提並無理論根據，這樣的想法從不存在。

你去問陰謀論者要怎樣的證據才能促使他們改變想法，他們會不得不向你承認，沒有任何事物能教他們轉念。事實上，相反的證據擺在眼前，他們也只會認定，藏鏡人正想方設法不讓真相公諸於世。陰謀論的本質就是無可辯駁。

這與我們做科學的方法真是不一樣。我們是盡一切努力去反駁一項理論。唯有如此，我們才能建立信心，認定自己對現實本質有扎實的了解，並有可能發掘關於世界的新知。

我把焦點放在區分科學理論和陰謀論，是因為這麼做可幫助我們，對於各種用於支持某一項論點的證據建立正確的認識。這在今時今日非常重要，因為特定觀點可以透過社群媒體快速散播。

當某個人相信地球是平的、登陸月球是假的，或抱持更奇異的觀點，相信外星人曾經造訪地球——例如美國政府在掩飾羅斯威爾市（Roswell）外星飛船撞毀遺址存在的證據，或外星人是吉薩金字塔群的幕後建造者——我們可以將這些視為善良無害，甚至有趣的說法。

但當我們聽到指稱新冠肺炎是騙局、是政府控制人民的其中一種手段，或疫苗都對人體有害、（同樣）是政府控制人民的其中一種手段，我們不能再對陰謀論視若無睹，或當作無傷大雅的打趣聽聽就好。我們要能從科學角度客觀地評判這類主張。

社群媒體平臺比以前更努力掃蕩錯誤資訊和假新聞，我們從來沒像如今這樣，更認真應對陰謀論的問題。但身為個人，我們能同時藉由許多方法，來加強因應陰謀論的能力。

首先，我們都能提高警覺，並採取行動對抗陰謀論。要記得，聽信陰謀論的大部分都是心智非常正常、通情達理的人，他們被恐懼感、不安全感、被剝奪感的灌輸者矇騙了——尤其危機當頭的時刻，灌輸者更能成功地埋下疑心的種子，煽動各種錯誤觀點。

善用科學方法去評估某項觀點、主張或意見（包括朋友在臉書上張貼的文章，或聊天提到的內容），往往能幫助你分辨真假或點出意見當中的矛盾之處。所以，請試著不要光看論點的表面，要提出問題，並且檢驗論據是否有效。

問一問自己，那項主張的真實性有多高？倡導者是否有其背後動機——他們真的客觀嗎？還是觀點背後有其意識形態？去挑戰證據——證據來源為何？來源是否可靠？別忘了，就連最離奇的陰謀論都有可能建立在一絲真相上。問題在於這所謂的真相被用於催生支撐一座荒謬卻愈蓋愈高的雄偉殿堂，建築材料是片面事實、未經證實的主張和絕對的謊言。

與陰謀論者爭論對錯，經常讓人感覺受挫和毫無意義。強調邏輯上的矛盾或缺乏可靠證據，甚至舉出反證，讓你覺得浪費時間，完全無法改變對方的想法，但那並不表示你不該去嘗試。

你不應該做的是去指控對方無知或愚蠢，即便雙方爭得面紅耳赤，都不該被這股衝動牽著走。請了解對方是否取得證據，問他們，陰謀被這麼多人隱瞞，不揭穿的機率多高？登陸月球的騙局就是陰謀論者無法合理說明這些問題的好例子。美國太空總署和許多阿波羅任務相關企業裡成千上萬名員工都要「參與其中」、半個世紀保持沉默，才有可能辦到。另外一項重點在，試著了解他們的深層擔憂，還有他們相信或希望相信這件事、以及行動的**理由**。

我們不可能期待每一個人都大力駁斥所有我們不贊同的意見或信念，但我們可以利用機會評估自己的信念。要記住，科學方法是批判思考，不論自己或他人的理論，理論的質疑和提出都要以實證證據為依歸，藉以檢驗自己或他人對世界的認知正確與否。

我們都應該將這樣的方法應用於日常生活中，時時刻刻對他人的意見和信念提出質疑，深思那些看法是否有可靠的證據。歸根結柢，最重要的是**我們**所秉持的信念和理由。

因此，請問一問自己，為什麼抱持某個觀點，以及你相信誰的意見、為什麼？問一問，你是否寧願相信某個要你盲目接受意見、不能質疑的人，或當你不接受時對方是否會生氣或要你閉嘴？還是，對方的生活哲學全然建立於問問題、找答案，即便答案會徹底改變他們的想法，也不放棄這麼做？

問一問，你是否認為別人應該要相信你的說法，為什麼？要記得，證據會帶來更多提問。所以，請重視問題、提出問題，並鼓勵別人提問——時時刻刻要求（你收到或給出的）答案，就像你所提出的問題，必須要有憑有據。

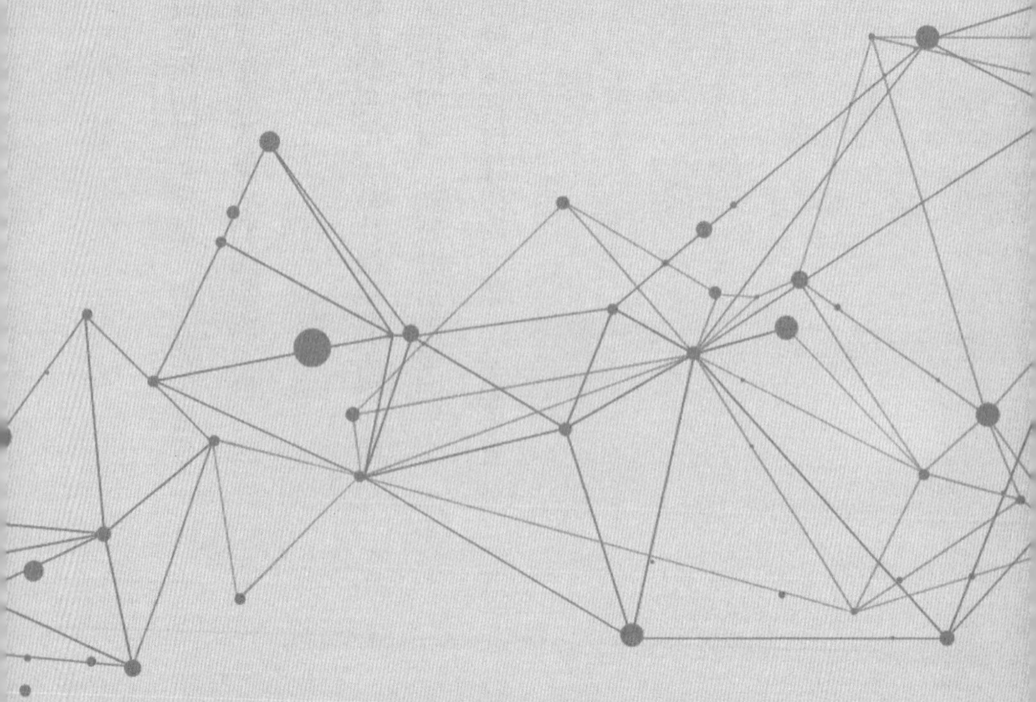

Ch.6

鄧寧—克魯格效應與確認偏誤

先認清自身偏見，再評判他人意見

Dunning-Kruger effect
Confirmation bias

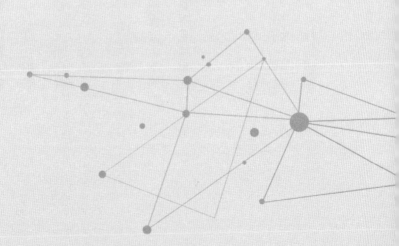

我們都有想待在安全舒適圈和志同道合的人作伴的傾向。那是人類的天性。但這樣的舒適圈是同溫層，只會接觸到我們所贊同的意見和信念。待在同溫層裡，我們的意見會透過重複和確認被放大和強化，因此養成偏見和先入為主的想法，而難以動搖。

我們會在有意無意中被所謂的確認偏誤影響。我們通常有能力看穿別人觀點帶偏見，卻鮮少質疑自身信念，凡人皆是如此。身為科學家，不一定不受確認偏誤影響，但運用科學思維，可防止我們被確認偏誤或其他盲點左右。這是我在這一章所想傳遞的訊息。

讓我帶你看一個例子。

我不懷疑地球氣候正在快速變遷，人類就是造成變遷的原因。我深信，假如我們不一起努力改變生活方式，人類的未來危在旦夕。我的觀點來自各科學領域所提出來，無可爭辯、壓倒性的科學證據，這些領域包括：氣候資料、海洋學、大氣科學、生物多樣性、電腦模型等等。

想像一下，就像你對醫生的病情預後不滿意，你不只向第二位合格醫師徵詢意見，還向第三位、第四位、第五位醫師徵詢，他們都提出無可辯駁的證據，例如血液檢查、醫學掃描、X光結果，告訴了你相同的事。我對氣候變遷的看法就是這麼來的。

但或許我該反思一下，為什麼幾年前還沒有大量證據，我就馬上接受是人類造成了氣候的變遷。是因為我和幾位氣候學家有私交、信賴他們的專業——或許，是因為我認為他們都是為人誠實、有能力的科學家？或者，也因為我抱持「人應該過有道德的生活、保護地球天然資源」的開明觀點，以及我看見並反對「個人自由勝於永續生活」的自由主義觀點？

你可以發現，就連我寫下的這些文句，都能清楚表明我的個人偏見，我很難在這一個議題上澈底客觀。對我來說，剛好眼前的科學證據強力支持這樣的觀點，所以我不需要去質疑自己從一開始就「相信」人為氣候變遷，是抱持著怎樣的動機。

儘管如此，我一點也不懷疑，不論我多麼努力保持客觀，都很可能比我自己所想，更輕易接受支持人為氣候變遷的證據，而對聲稱「無人為氣候變遷」的證據抱持悲觀懷疑、不信任的態度。這是確認偏誤在起作用。

確認偏誤會以許多形式影響我們。心理學家已經找出數種確認偏誤的展現形式，其中一種是虛幻的優越感（illusory superiority）——此時，人會過度感覺能力強大，看不見自身的缺點。

近幾十年來，有一些研究探討為什麼人們不太會注意到自己在理解某個概念或情況時能力不夠或有其他缺點，有時甚至發展成荒謬可笑的局面。例如，銀行搶匪麥克阿瑟．惠勒（McArthur Wheeler）相信在臉上塗檸檬汁就不會被監視器拍到，誤解了隱形墨水的化學原理。但是當有虛幻優越感的人掌權或具影響力，騙到一大票追隨者，後果可能很危險。例如我們知道，在社群媒體上喊得最大聲的人，通常能吸引到最多粉絲，這些人往往也最有可能有虛幻的優越感。

虛幻優越感研究大多出自兩位美國社會心理學家，一位是大衛・鄧寧（David Dunning），一位是賈斯汀・克魯格（Justin Kruger）；與虛幻優越感息息相關的「鄧寧─克魯格效應」（Dunning-Kruger effect）名稱就是這麼來的。這也是一種認知偏誤，表現在執行某件特定任務時，能力較差的人會高估自身能力，而能力較強的人會高估他人能力。大衛・鄧寧這樣解釋：「當你缺乏能力，你不會曉得自己缺乏能力……想要提出對的答案所需要的技能，也正是教你辨識正確答案的技能。」[1]

我們每天都能在社群媒體上看見鄧寧─克魯格效應的作用，尤其是牽涉到陰謀論和非理性意識形態的時候。相較於未接受特定訓練或不具特定知識，對某個主題只知皮毛的人，科學家、經濟學家、歷史學家、律師和做正規報導的記者等正統專家，往往更勇於承認自己有所不知。社群媒體變得非常兩極化和無濟於事，一部分原因就在這裡。

最有資格評論議題的人，也最有可能是深思熟慮謹慎發言的人。因為他們知道，關於這個議題，有些論述缺乏可靠證據，有些地方他們了解得並不透澈。（面對鐵了心罔顧證據、道聽塗說的人，他們通常會直接選擇不與對方爭辯。）因此他們比較有可能保持沉默，在炮火猛烈、互不相讓，卻都缺乏資訊的極端敵對方之間，留下一塊貧瘠的無人之地。許多研究也發現，比起熟悉議題的人，缺乏資訊的人反而比較不願意、比較無法承認自己的弱點，也更不會承認自己需要多取得一些資訊。

在這裡，應該要提醒大家一下，並非所有人都認為鄧寧—克魯格效應真的存在。[2] 那或許只是人為資料操作的結果。但重點在於要記住，面對意見不同的人，不該認為對方「好蠢」，馬上否決掉對方的觀點和提問。我們都應該在對別人品頭論足前，先檢視自身的能力與偏見。

當然，社群媒體上缺乏深思熟慮和冷靜的辯論，不只是因為比較熟悉議題的人較少參與——許多議題確實在掌握和缺乏資訊的雙方之間引發了大戰。也是因為這是人性的一環——即使其中一方客觀來說比較「正確」，雙方都有可能發生確認偏誤。不論我們**認為**自己多了解情況，都很

1／David Dunning, *Self-Insight: Roadblocks and Detours on the Path to Knowing Thyself* (New York: Psychology Press, 2005), 22.

2／例如參見：Jonathan Jarry, "The Dunning-Kruger effect is probably not real", McGill University Office for Science and Society, December 17, 2020, https://www.mcgill.ca/oss/article/critical-thinking/dunning-kruger-effect-probably-not-real。

有可能犯這樣的錯。

確認偏誤和虛幻優越感也受文化因素的影響。例如，有研究顯示[3]，當美國人在第一項任務失敗了，就比較不會堅持完成接下來的任務。日本的受試對象表現則相反：比起第一輪就成功的人，第一項任務失敗的人會在後續任務付出更多努力。

在我們討論如何因應確認偏誤前，先看一看科學是否存在相同問題。科學家受確認偏誤影響的機率，為什麼應該不像其他人那麼高？當然，一不小心，每一個人都會發生這個問題，但不是所有科學領域都深受其害。有些學科比其他更容易受影響。希望這麼說，不會讓你覺得我有所偏頗：自然科學領域（例如物理學、化學以及生物學，但生物學受影響程度稍大一些）比社會科學少出現確認偏誤的問題——對比講求精確的自然科學，研究複雜人類行為的社會科學，有更多詮釋和主觀意見的空間。

話雖如此，身為物理學家，我若認為自然科學家對確認偏誤免疫、能卸下防備，那就說明了我本身也有確認偏誤。其實，社會科學家因為其研究性質的關係，反而對這個現象更熟悉，因此更加留意、做好控制潛在不利影響的準備。

我在前一章討論過歸納推理的問題，也就是到底要有多少證據支持，我們才能相信科學理論是真的。新發現或證據與既有知識不符，這種情況常見。假如不是壓倒性的鐵證，科學家可能會忽略這些證據，或只挑出與自身想法相符的部分。科學家有可能做出錯誤詮釋、誤解，甚至刻

3／Steven J. Heine et al., "Divergent consequences of success and failure in Japan and North America: An investigation of self-improving motivations and malleable selves," *Journal of Personality and Social Psychology* 81. No. 4 (2001): 599–615, https://psycnet.apa.org/doiLanding?doi=10.1037%2F0022-3514.81.4.599。

意製造特定結果，來支持自身偏好的既有理論，或宣揚自己提出的新見解。科學家只是人，也有跟大家一樣的弱點，所以在個人方面，科學家一定也有可能因為驕傲、嫉妒、野心，甚至純粹就是不誠實而偏頗。

所幸，這種情形在科學界的發生頻率，比你想像的少很多。多虧科學方法本身有一套修正機制，能夠知曉並採取措施減少確認偏誤，例如要求結果符合再現性，不強硬規定，而是透過共識慢慢往前推進。

因此科學進展即使遭遇阻礙，大多都是短暫的。科學家也運用其他各種技巧來排除偏誤，例如，隨機雙盲對照試驗（連調查員都要最後才知道哪些實驗對象受到介入，哪些對象接受安慰劑）和出版刊物的同儕審查流程。壞主意在科學世界無法存續太久，科學方法終將成為勝利的一方，引領進步。

可惜，日常生活並非如此非黑即白。有個認識的人曾經告訴我，他曾經相信外星人幾千年前曾經造訪地球，並用先進科技建造出吉薩金字塔。他的理由不是吉薩金字塔的數字密碼（從金字塔構造的幾何比例中，尋找模式或深刻意涵），而是石塊能夠完美密合。

他主張，石塊一定經過雷射切割，而人類要再四千五百年才有雷射技術。不論我提出多少理由、如何說服他，都無法動搖他從幾部 YouTube 紀錄片得來的信念。不管我已提出證據，告訴他考古學家已透澈了解石塊如何切割、運送和放到位置上，也清楚知道金字塔的建造理由；或對他說明外星人不可能在那時造訪地球，卻沒有留下任何可靠證據或可由科學方法分析的蛛絲馬跡，他仍然繼續堅持自己的看法。這叫「信念固著」（belief perseverance），力量非常強大。尤其是當相信的人能夠合理化解釋，證據支持他們的看法而非否定的時候。

還有哪些狀況可能出現確認偏誤？你也許聽過一句話，叫做「相關並不一定代表符合因果關係」（correlation does not imply causation）。意思是，當你觀察到兩件事之間存在關聯性，不表示兩者互為因果。

例如，平均而言，教堂數量較多的城市，犯罪事件也比較多，亦即教堂數量和犯罪事件數量之間存在強烈正相關。這是否表示教堂特別容易使人犯罪，或也許治安不好的城市更需要教堂供罪犯告解罪行？當然不是。但這兩件事都與第三項因素有關：城市的人口數。

在其他條件維持不變下，（以基督教為主的國家）人口五百萬的城市，比人口十萬的城市擁有更多教堂。這座城市每一年記錄在案的犯罪事件，也極可能較多。教堂數量和犯罪事件數量彼此相關，但兩者不互為因果。但許多人只憑表象，根據這樣的相關性得出錯誤的推論，沒有質疑過自己的推論邏輯。即使得知正確解釋（例如上面那則例子中的城市人口數），他們最初的論斷結果仍不受動搖（信念固著）。

這也叫「持續影響效果」（the continued influence effect），即使先前觀點被證明錯誤，仍繼續相信。最常見的情況諸如政治人物競選團隊、小報媒體或社群媒體機器人散播各式各樣的錯誤資訊，一旦埋下了信念的種子，尤其是與先入為主的信念相符的概念，就很難從人們心中根除。

無論哪一種，確認偏誤都是人類的天性。你也許會認為，藉由嘗試改變他人的想法來解決這個問題，只是徒勞無功。那你可以這樣做：知道自己抱持的看法也很有可能受確認偏誤影響。古希臘箴言說：「認識你自己。」了解這是人類天性，代表你可以試著後退一步，檢查自己為什麼抱持那些觀點，以及是否比較看重可證實你本身想法的資訊、不考慮與想法抵觸的資訊。

問一問自己**為什麼**相信某件事是真的。是因為你希望它是真的嗎？科學家確信氣候變遷是人為現象，但不同於某些人的認知，絕大多數的科學家並不會因為相信人類危害地球氣候而得到任何好處。

儘管證據充足，科學家並不像拒絕相信人為氣候變遷的人那樣，我們其實真心希望自己錯了。畢竟，科學家也有子女和孫子女，這些後代將在他們離世後接手地球。

因此，當你在各式各樣的議題上抱持強烈意見，請不要衝動地與意見不合的人爭吵，先花點時間檢視自己相信某件事的動機，並問一問你的資訊來源具有怎樣的動機。

你相信某件事，是因為它符合你在意識形態、宗教或政治方面抱持的廣泛立場嗎？是否因為你重視某人的意見，而他們也相信這件事？而且，最重要的一點，那樣能說明事情是真的嗎？最後，你是否取得足夠的相關資訊，並花時間確認資訊可靠、自己了解資訊的意思了？當你對自己的信念提出了這些質疑，就會開始從不一樣的角度看待事情，確認信念是否仍然合理。

你也許會繼續相信自己是對的，沒關係，只要曾經客觀地檢視過證據就好。你當然也可能發現自己產生更多問題。那也沒關係，重要的是你不曾停止對自身信念提出疑問。當你這麼做，就能以推理思考的光，驅散偏誤形成的迷霧。

那麼，當你知道自己其實想錯了，該怎麼辦？即使是對自己，要承認錯誤都不容易。此時應該要謹記另一句古希臘箴言：「固執帶來毀滅。」

這句話，為我們引出下一章要討論的主題。

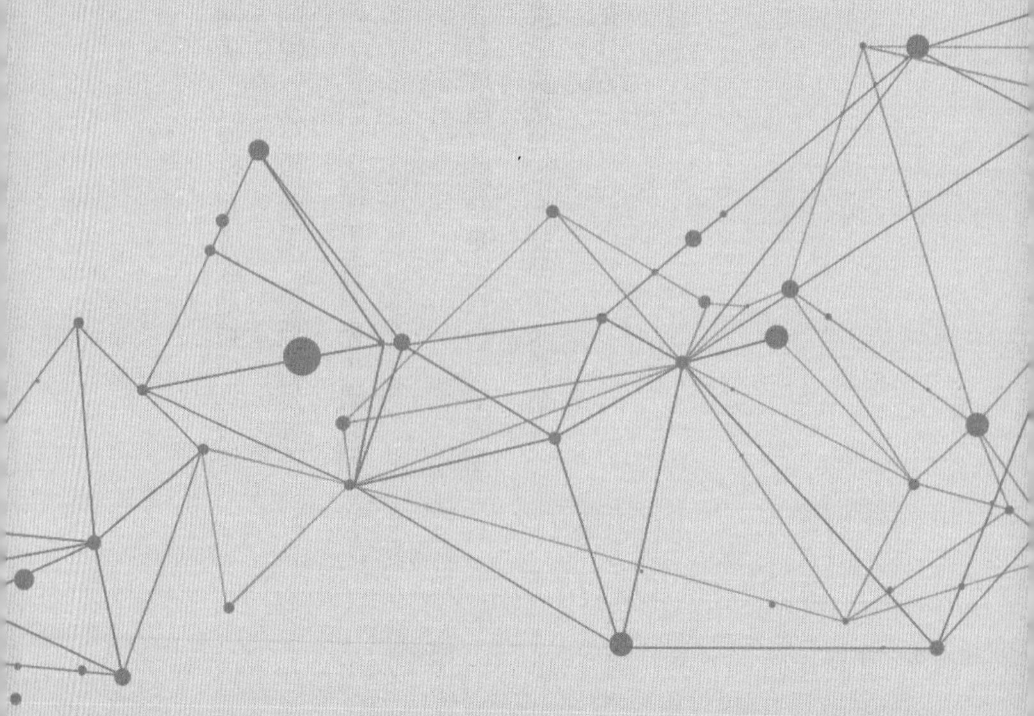

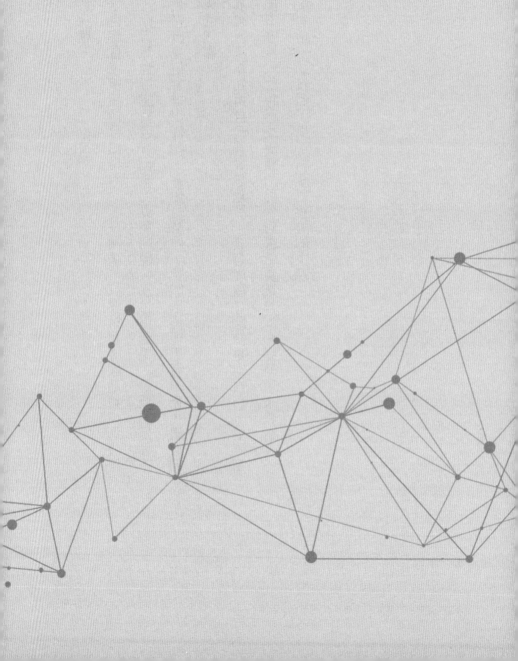

Ch.7

認知失調

別害怕改變想法

Cognitive dissonance

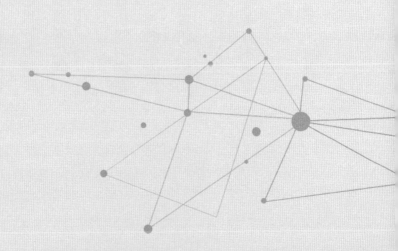

認清自己出現偏誤已經夠困難了，面對偏誤並以實際行動消除偏誤，更是另外一種境界。通常意味著，你得克服承認自己也許看錯事情、準備改變想法的不安。困難之處在心理學家所說的「認知失調」（cognitive dissonance）。

這是一個十分有趣的心理狀態，發生在人們面臨到兩種衝突的觀點時，通常一邊是強烈的信念，另一邊是與信念牴觸的新資訊，我們會因此產生心理上的不舒服。而消除心理不適最簡單的方法是駁斥新資訊，或貶低新資訊的重要性，以便繼續堅守原有的信念。這與認知偏誤的情況不同。認知偏誤是當事者非常肯定自己是對的，根本不打算接受與原本信念衝突的觀點。

被淹沒在資訊海裡的現代人，必須篩選日益增多的大量資訊。由於認知失調對決策的影響愈來愈大，我們比以前更常聽見這個現象。認知失調並非新概念，沒有特別新奇或具爭議性，心理學家早在許多年前就曉得這個現象。而現在，認知失調和確認偏誤已經成為這個時代的重要象徵。

我們能不能透過加強科學思維來解決這個問題呢？先來看一看，科學怎麼因應它吧！

先前提過，要是科學家總是堅持己見，他們就不會獲得太大的進展。當然，有時科學家有面臨反對仍堅持原則的好理由——他們信任的科學理論，經由科學方法一步一步嚴謹地建構起來。一套成功的理論必須經過檢驗和刻意挑戰，而不被推翻。我們蒐集資料、觀察、實驗，建構出與競爭者不同的模型及理論，看誰比較正確、可靠，看誰的預測度較高。

理論能夠存續下來，代表經過如此嚴格的審視，我們可以對這套理論產生的世界科學新知抱持信心。我們也從中得知科學方法最重要的特色：

這些小心翼翼的科學步驟，以承認及量化不確定性為基礎——優秀的科學家總是會抱持一定程度的不確定和理性的懷疑態度。這不一定表示科學家懷疑他人的觀點，而是代表身為科學家的我們應該承認自己也可能想錯。懷疑和不確定在科學中扮演要角，意味著要對新觀念敞開心胸，並準備好在深入了解議題，或得到更適切的資料或新證據後，改變自己的看法。這樣的態度能避免或至少減少認知失調。

懷疑和不確定在科學中扮演要角，確定性也一樣重要，否則我們永遠不會進步。而且，我們確實進步了。科學方法有許多不盡完美之處——沒錯，科學發現的**過程**往往混亂且無法預料，充滿了缺點、錯誤和偏誤。但當我們確實對世界有了一定的認知，通常會發現，組成認知過程的並非懷疑，而是從謹慎合理的步驟逐漸消弭不確定性，得出有憑有據的結論。

我要回到我最喜歡的例子上。假如我讓一顆球從離地五公尺高的地方落下，透過距離、時間、加速度的簡單公式，我非常肯定（或說不確定性非常低），球會在一秒鐘的時間落地。

儘管如此，所有理論、所有觀察、所有測量，都包含了不確定性。數學模型本身包含了假設與估計值，以及清楚定義的準確度。圖上的資料點會有誤差槓，說明我們對數值的信心水準——誤差槓愈短，數值的估測準確度愈高；誤差槓長，代表信心較低。所有學習科學的人都深知，要衡量不確定性和接受這是科學調查不可或缺的一環。

問題在於，許多沒接受過科學訓練的人認為，不確定性不是科學方法的優點，而是弱點。他們會說：「如果科學家對自己得出的結果無法肯定，也承認自己有可能想錯，那我們為什麼還要相信他們？」其實正好相反，科學中的不確定性不代表我們不知道，而是代表我們了解事情。

我們能將信心水準量化，代表我們清楚知道結論的對錯機率。對科學家來說，「不確定性」代表「缺乏確定性」，不等於無知。不確定性給予我們懷疑的空間，帶來了自由。因為不確定代表我們可用批判、客觀的眼光，去評估我們相信的事。理論和模型中的不確定性代表我們知道，那並非不可推翻的絕對事實。資料中的不確定性代表我們對世界的認識還不完備。相反過來就糟糕了，那是狂熱分子才有的盲目信念。

媒體也經常誤解科學發現的信心水準，或做錯誤解釋。有時是科學家本身的錯，例如為了吸引新聞報導，接觸更多受眾，忽略不提成果的不確定。另外，新產品或新科技的宣傳也可見到類似情形。若不確定性可能損及商業利益，可能會被輕描淡寫帶過或忽略。有些新聞記者（通常是因為缺乏科學訓練，而非刻意為之）也會過度簡化科學報告或新聞稿，只挑選需要的內容，忽視不確定性。文章作者通常字斟句酌，這麼做可能解讀錯誤。而文章作者或許也要為沒預料到陷阱，負擔一些責任。

在政治世界裡，情況就大不相同了。態度猶豫不決，或論述透出任何一絲不確定性，會被別人解讀成弱點。選民甚至認為肯定的態度是政治人物的優點。如柏克萊大學管理學教授唐・摩爾（Don A. Moore）所說：「自信使別人相信他們知道自己在做什麼；畢竟，他們的話聽起來是那麼地肯定。」[1]這樣的心態悄悄擴大入侵到政治和社會議題的公共辯論，人們甚至不能採取中間立場——你必須時時刻刻對所有意見無比肯定。

在科學界，你無法以這種心態獲取長足進步，因為我們必須對新證據敞開心胸，並在新證據出現時改變想法。在科學的文化裡，承認自身錯誤甚至是一種崇高的行為。

1／Don A. Moore, "Donald Trump and the irresistibility of overconfidence", *Forbes*, February 17, 2017, https://www.forbes.com/sites/forbesleadershipforum/2017/02/17/donald-trump-and-the-irresistibility-of-overconfidence/?sh=784c50c87b8d。

犯錯是科學人增廣知識、更了解世界的方式。不承認自己的錯誤，代表你永遠無法用更優秀的理論取代現有理論，也代表你不承認，我們的認知已經有了革命性的大轉變。抗拒確定性、承認錯誤，都是科學方法的優點，而非缺點。

請想像一下，要是政治人物像科學家一樣誠實，能夠承認自己把事情搞錯了，該有多好。為了避免你認為我在針對政治人物，請想像，假如我們願意在被證明出錯時承認錯誤，議題的辯論和論證不是能健全許多嗎？不論認知失調令人多麼不自在，我們都應該要將得分和吵贏別人放到一旁，以理出議題的真相為優先。

認知失調不是需要「治療」的失常或反常心理狀態。它是正常的人類天性，我們都有一定程度的認知失調。你會在人生中遭遇到各種互相衝突的想法和情感，所以我們會和朋友、心愛的人發生爭執，對過往決定心生疑惑或後悔，做出我們曉得不該做的事等等。但不能因為那是人類天性，就不試著對抗它。

認知失調透露出我們沒有用理性去思考，因此倘若我們想做正確的人生抉擇，需要好好分析一下自己的觀點，回到理性思考的軌道上。認知失調讓我們不舒服，而想要緩解不安和消除矛盾，最簡單的辦法是漠視與你內在信念和情感牴觸的外來證據，或輕描淡寫地帶過。但我們應該要正視認知失調，並用邏輯加以分析。也許你心裡會不太舒服，但長期而言比較有益。

尤其現代，我們更是需要想辦法因應認知失調。因為時值現代和現代文化裡，認知失調的情況比從前任何時代都更嚴重。世界面臨重大挑戰，錯誤的資訊卻到處散播，陰謀論也獲得愈來愈多人支持。舉例來說，應該要選擇依公衛建議防疫、限縮自由，還是選擇聽從人類的原始衝動，為了過著不受限制的生活，拒絕相信或看輕證據？許多人在這樣的衝突下，感受到了貨真價實的認知失調。科學界提出一套因應建議，政府提出另外一套，也讓某些人無所適從。

這些情況極具挑戰性，但正是這樣的時刻，我們才更該花時間分析自己相信什麼、為何相信，並以此為決策基礎——要讓判斷力指引我們的決策，並隨時敞開心胸，根據可靠的新證據改變想法。

接受我們有時可能會出錯，能帶我們更了解世界，以及我們所處的位置。如果辦得到，將收穫無窮。王爾德說得很明白：「始終如一是想像貧乏者的最後避難所。」掙脫想要始終如一和確定的渴望，不見得總是容易（且無人例外），所以仔細分析是有幫助的。請放下固執的態度。

剛開始，你可能會很不安，但你會隨之調整，並發現自己竟然對總是一口肯定的人**更感冒**。請耐心傾聽「另一方」的看法和論點，提出問題，花時間尋找及理解來源可靠的證據；對確定性謹慎以對，將信心託付給對不確定性敞開心胸的人（如果對方能量化不確定性，那更好）。

伏爾泰曾說：「懷疑並不令人愉快，但深信不疑是一種荒謬。」請記住，假如你是錯的，請拿出勇氣、展現崇高精神，承認錯誤，並且看重同樣以勇氣和正直這麼做的人。

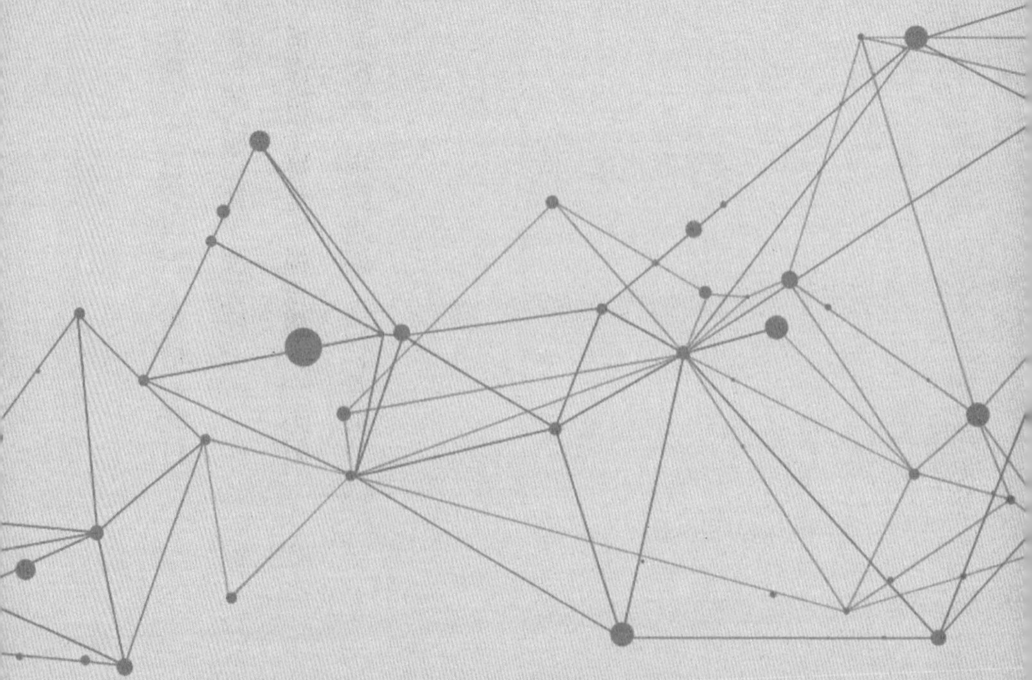

Ch.8

數據識讀力

挺身而出，捍衛真實

Numeracy

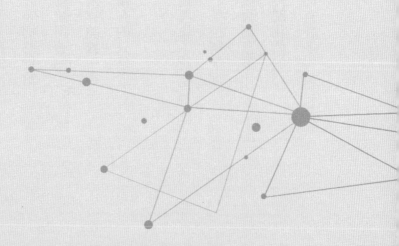

二〇二〇年，美國總統大選帶來糟糕的影響，這段不實資訊充斥氾濫的時期，一定會被後人寫入歷史。十一月大選結束後幾週，許多把票投給川普的人拒絕接受民主黨候選人拜登確定當選的結果。[1]在總統川普的主導下，社群媒體上出現選舉造假舞弊的指控聲音。儘管缺乏可靠證據，數以百萬計的選民仍全心相信選舉一定有舞弊。但這些指控背後有的只是道聽塗說、謠言和稀奇古怪的陰謀論。

與此同時，世界上有更多人聽信關於新冠肺炎的各種瘋狂理論：新型冠狀病毒是中國或美國[2]在實驗室人工製造出來的病毒，目的是控制全世界的人；病毒會經由5G網絡傳播，戴上口罩後活化；或者說百萬富翁比爾·蓋茲等有權有勢的人物，參與了一場跨國大陰謀，想要控制我們的心靈。而且不管已經有上億人感染新冠病毒、上百萬人死亡，仍有許多人相信疫情不過是假新聞。

這個現象和一種新形態的唯我論有關。許多相信唯我論的人，用假言論和錯誤資訊覆蓋住真正的現實，建立一套屬於自己的平行實境，並居住於其中。但這不是講多重宇宙存在各種可能結果的量子力學。日常現實與次原子粒子的世界不同。我們的現實只有一個版本。

人們聽信荒謬至極的不實言論，這股趨勢是否令人憂心？當然會，但令人意外嗎？其實不然，陰謀論並不是什麼新鮮事。只不過，今時今日陰謀論的傳播速度（尤其透過社群媒體），實在快得驚人，也很可怕。

科學家以世界客觀真相探尋者的身分自豪，但事情並非總如想像那

1／根據我看見的所有證據和資訊，確實如此。

2／此處，是哪一個國家，視那些聽信陰謀論的人居住於何處而定。

麼簡單，科學家和其他所有人一樣，會被確認偏誤和認知失調等因素妨礙。而當你想要挖掘的真相牽涉到的是日常生活的事件或記述，情況會變得更加複雜。

舉例來說，新聞報導中的內容是正確的，但仍然可能同時存有偏見和主觀意識。事實上，不同家新聞業者、報社或網站，也許對同一事件做出正確報導，卻仍然有可能在解讀上大相逕庭，各家業者會強調放大並弱化某一些環節。他們也許沒有要刻意誤導大眾或騙人，只是透過各自的意識形態或政治立場，去理解事件或報導新聞。

這一樣也不是什麼新鮮事。認真細心的人，會接收來源不同的新聞，建立平衡的事件觀點（只不過現實中很少有人這麼做）。然而，假如那不只是單純的「錯誤資訊」或偏頗報導，而是在散播惡質的假新聞和刻意誤導他人的「不實資訊」，我們就必須設法反擊。

假消息被人刻意或不經意地傳遞或散播，不是因為我們擁有現代數位新科技，但近幾年來，數位新科技確實放大了這種現象。我們能怎麼因應？前一章討論過，我們每一個人都可以做到檢視自己是否抱有偏見，並要求確切的證據，對閱聽資訊提出質疑。但這樣的建議無法真正促使陰謀論者改變思維。因此歸根結柢，或許要動員整個社會一起設法打擊不實資訊，並實施更嚴格的法律規範來防堵謊言和錯誤資訊流出、汙染我們的想法和意見。

遺憾的是，資訊傳播科技日益複雜，使得問題更加嚴峻。我們已經走到了幾乎無法辨別影像、影片、音檔真假的地步，各式各樣的科技讓製造和散播假事實變得更加容易。而目前區分真假的科技，一下子就被騙過去了。有鑑於此，我們必須儘快找出辦法、研擬策略，來對付錯誤資訊和假言論。除了科技方案，社會和法律也要一起改變才行。

現在聽到人工智慧演算法和機器學習，你多半會聯想到廣告商過濾資訊，以便輕易鎖定廣告目標的負面情境。更大的隱憂其實在於，這項技術也用於製造真假難辨的內容，達到散播錯誤資訊的目的。但人工智慧也能運用於好的地方，用來查核、判斷和過濾內容。我們很快就會開發出先進的演算法，辨識、阻擋、移除不實或誤導他人的網路內容。

因此，我們現在見到技術正在朝兩種不同的方向發展。雖然製造具有說服力的假消息愈來愈容易，但同樣的科技也可以用於驗證資訊真偽。最後，這兩股（善良與邪惡的）競爭力量究竟誰會勝出，端看我們如何取捨與回應。

心態悲觀的人免不了要問：最終，那是誰的真相？有些人甚至主張，個人自由比真相重要。他們會說，加強審查和大規模監控，往往會製造出社會必須認同的官方「真相」；或是擔心，篩選假消息的技術會被臉書、推特等機構利用，而這些科技巨頭本身一點也不客觀，或許也有自己的既得利益和政治意識形態。

目前許多大型社群媒體平臺已在研發更精密的演算法，處理社會大眾普遍認為違反道德的網路內容（例如煽動暴力、危險意識形態、種族主義、厭女情節和恐同心態），以及有證據顯示為不真實的訊息。這點確實振奮人心。然而，將責任「外包」給主要目的畢竟在營利的私人科技巨擘，並非長久之計。假如一定要借助這些巨擘的力量，那麼我們必須想出好辦法，讓這些代替我們採取行動的機構負起責任。

有人甚至認為，**任何**有能力「判斷」資訊真偽的系統，本身一定存在某些偏見。然而，儘管設計系統的是有價值判斷和偏見的人類，這麼說卻是延伸過度了，我個人並不贊同。人工智慧愈來愈精密，絕對能幫忙剔除不實內容、找出基於證據的事實，也能凸顯內容當中的不確定性、主觀性和細微差異。

英國有一齣家喻戶曉的電視喜劇小品，裡頭有個客服人員的角色依賴電腦判斷來回覆客戶的要求，不論要求多麼合情合理，一律回答：「電腦說不行。」現代科技已今非昔比，人工智慧已進展到即將能夠在演算法中納入道德倫理思維，在過濾和阻擋不實言論和錯誤資訊的同時，做到保障言論自由等權利。

我們需要控制偏見，這得仰賴社會大眾一起公開討論，究竟該將哪些道德倫理納入演算法。宗教信仰和世俗觀點如何平衡？該採取哪些文化規範？某些社會裡可以接受甚至必要的道德標準，若被其他社會視為禁忌，該怎麼做？

一定會有一些人不論哪些區分真偽的辦法，都無法信任。某種意義上，這件事無可避免。這不是承認失敗，而是面對現實。我們不可能去說服每一個人，但社會有責任努力確保，為了邪惡目的意圖散播謊言和不實資訊的人，無法居於具影響力的高位，因為這會產生深遠的後果，並有可能改變人類的未來方向。歷史上，有一些殘暴的統治者、令人生厭的政治領袖和假先知，透過武力、威逼、欺瞞的方式，說服數以百萬計的人民追隨他們。一定會有這樣的人，而我們能做的，就是阻止他們把科學和科技當作武器來推動自己的目標。

這告訴了我們什麼？我試著在每章結尾提出正面的一課，但這一章內容氛圍相當灰暗。在未來，真相將有可能戰勝謊言嗎？許多人認為，好轉之前情況還會更糟。但我們在開發解決問題的工具了。例如，我們同樣可以效法科學方法的精神，當某人聲稱提出有證據支持的資訊，我們要能評估證據的優劣，例如附上「信心水準」。

也就是說，除了提出主張，還要指明當中的不確定性。所有科學家都曉得要附上資料點的誤差槓。一般人也需要對新資訊下類似的功夫（非字面意思，是指這種精神）。為此我們將會需要開發能提供「信任指數」的人工智慧技術，顯示就資訊來源的信賴或可靠度而言，資訊的真實程度如何。被標註「散播假新聞」的資訊來源——包括新聞業者、網站，甚至社群媒體上的個別「具影響力人士」——信任指數會比較低。

語意技術目前也有進步。這項技術旨在脫離應用程式碼的範疇，將意義編入人工智慧系統，幫助人工智慧解讀和真正了解資料的意思。語意技術和機器解讀資料的傳統方式完全不同，以往是由人類軟體工程師，將意義和關係填入程式碼。語意技術就像機器學習技術，引領人們邁向真正的人工「智慧」。

然而，正如假新聞和錯誤資訊並非單純因科技而起的問題，我們也無法光靠科技的進步來解決問題。這其實是被科技放大的社會問題，因此也需要社會層面的解決辦法。統計學家大衛・史匹格哈特（David Spiegelhalter）說，人們是否足以因應錯誤資訊，最有力的指標是數據識讀能力。意思是，對資料和統計數據有一定程度的理解與認識於我們有幫助，這叫資訊識讀。

問題在於媒體和政治人物沒有接受過訓練，不懂如何清楚正確地傳達資料與結論，所以他們也要能識別需要提供資訊的時機，以及如何有效地獲取、評估、運用資訊。不是完全仰賴智慧科技來告訴我們什麼能相信、什麼不能相信，我們自己也要學習增進批判思考的技巧，透過教育體系來培養這些基礎能力。有了令人興奮、耀眼的科技，我們也要學習當個好公民，培養更優秀的批判思考能力和資訊識讀能力。

在社會方面，我們要學習運用科學方法：發展因應複雜性的機制、評估不確定性，對只知其一、不知其二的資訊抱持開放心態。雖然遺憾，但不可否認，非常大部分的人沒有技巧或能力，去因應日益複雜的資訊——無知也就是在這樣的情況下，使許多人感覺失望、幻想破滅和無能為力，成為了助長和散播錯誤資訊和假言論的溫床。

這些問題現在和以後都會一直跟著我們。八卦、杜撰、誇大是人類的天性，在位者也將持續透過宣傳或扭曲事實，去達到他們的政治或經濟目的。無可否認的是，科技進步助長了問題的嚴重性。

我總是樂觀以對，傾向於相信人性本善。人類總能透過創新和智謀克服問題，整體而言讓世界成為一個更好，而非更糟糕的地方。[3]因此我有信心，不論是透過科技，抑或提升教育品質，人類都將找出解決辦法。只不過，要成功辦到需要動機和毅力，必須挺身而出，捍衛真實和真相；必須發展出良好的判斷力、培養分析技巧，幫助我們深愛的人做到，也要求領袖們做到。我們都必須——是的，多發揮科學思維。

如此一來，當現實世界向我們下戰帖，面對挑戰，我們能更了解問題所在，將腳步站得更穩，做更好的人生決策。我們也能以此捍衛，心目中自己和他人所應該擁有的現實。在那樣的世界裡，我們更加自由，獲得更多知識的啟迪，再也不是黑暗中追逐光影的囚犯。

3／關於這點，可參見史迪芬．平克（Steven Pinker）的著作 *The Better Angels of Our Nature: Why Violence Has Declined* (New York: Viking, 2011)。

結語

這本書思考的是人們如何能過更理性的生活。但科學思維的價值究竟何在？我認為有四個要點。

首先，人類藉由發展科學方法，建立了一套認識世界運作的可靠方法，它考量到身為人所擁有的小缺點，並予以修正。我認為這是科學思維本身所具有的價值。人類透過科學途徑探究世界，揭示永遠不被推翻的深刻真相。

例如，請想一想，在我所屬的物理學領域，愛因斯坦的重力理論是個非常重要的觀念。這項理論取代了牛頓的重力理論，讓我們對宇宙結構有更正確、更基礎的解釋。但也許有一天，愛因斯坦的相對論也可能被更深入的理論取代。

儘管無法排除這個可能性，但在我們已知的宇宙中有數十億條銀河，太陽是銀河系中幾千億顆恆星當中一顆，地球繞著太陽走（而非太陽繞著地球走），這些事實永不改變。我們除了能橫跨地球、橫跨時間，與他人分享關於世界的知識，還能分享**如何思考及學習**，不是很鼓舞人心的一件事嗎？這代表了，即使一切知識紀錄統統消失，我們仍能運用科學方法花時間重建知識。

也許對你來說，科學賦予我們這套獲取知識、理解事物的方法，並不像我所認為那麼鼓舞人心，但第二點重要性，沒人能否認——我們相信科學，**因為科學是有用的**，而且我們曉得少了科學世界會如何。

每當有人問起，為什麼我深信量子力學這麼瘋狂又不直覺的理論是正確的。我會問他：你喜歡你的智慧型手機嗎？智慧型手機的強大功用是否令你驚嘆？那你可得感謝量子力學，有量子力學，才有智慧型手機的存在。你的智慧型手機，以及你所熟悉的其他每一樣現代電子設備，所運用的科技，都是因為我們從量子力學理論的發展與應用，理解了極微小的物質如何運作，才有可能實現。由此可知，也許對我們來說，量子力學是個完全無法理解、奇異的理論，但它確實有用。

有好多人已經忘記，科學和科技兩者其實交織在一起。一部分原因出在，科學家自己也傾向將兩者分開來看。我們認為，科學是**知識的創造**，而科技是那些**知識的應用**。但這樣一刀劃開不見得合理。畢竟，科學研究多半不會止步於學習原先所不知曉的事物。

在學校實驗室或工業實驗室混合化學物質，難道不是在從事「科學」活動嗎？將現有知識運用於設計效率更高的雷射儀器，或開發更優良的疫苗，難道不是「科學」嗎？這些例子都不是獲取世界的新知，用這樣狹隘的定義去規範科學是不對的。應用科學也是科學。

另外，我們確實主張科學價值中立，不好也不壞。但儘管如此，科學用於何處，有時可能引發問題。愛因斯坦的方程式 $E = mc^2$ 只是在描述，宇宙中質量、能量、光速之間的關係；但用這條方程式去製造原子彈，情況就截然不同了。

假使愛因斯坦永遠沒有發現相對論，會不會比較好？廣島和長崎是否就不會被投下原子彈？這個嘛，先不管有人主張，即使愛因斯坦沒發現相對論，很快也有其他人會發現。

請想一想，「消除」對世界的知識真的比較好嗎？當然不會。沒錯，這個例子說明了科學知識帶給人類作惡的可能性。但**不能因此就說**科學知識是邪惡的，或沒有那些知識，世界會更好。

少了科學，我們會無法餵飽全球不斷增加的人口，讓人們活得更久、更快樂，讓家庭有光照和溫暖，讓人們互相通訊，帶人到世界各地和地球之外旅行，打造偉大的文明和民主社會，理解身體機能，開發預防和治療疾病的藥物和疫苗，讓數百萬人免於勞動的沉重負擔，有更多自由去享受藝術、文學、音樂和體育活動。少了科學，就沒有現代世界——甚至可說，就沒有人類的未來。因此，我們不該忘記科學不僅止於知識的追求。它是我們賴以生存和活出滿足感的好工具。

科學思維的第三點價值是這本書的主軸。科學活動方法包括：對世界好奇、理性邏輯思考、辯論、討論與比較不同的想法、重視不確定性、質疑已知或自認已知的事物、承認自身偏見、要求可靠證據、學習分辨值得信任的事物和對象。

這些特色和做科學的方式，每一樣都有益於提升日常生活品質。我們了解得愈多，就愈能擺脫蒙昧，站在更有利的位置，為自己和關心的人做可帶來益處的理性決策。

最後，我要用科學思維的第四點價值來總結。至今為止，人類獲得了既寬廣又複雜的科學知識（但離大功告成還很遙遠，也不可能有這麼一天），科學帶給我們科技、社會、醫學上種種非凡進步，而科學方法是如此地宏大，兼具曲折、豐富、複雜等特色，我認為，科學最美的一點在它豐富了我們。如卡爾・薩根所說，科學令人「興高采烈、虛懷若谷」，帶來「十足的精神饗宴」。

從過去到現在，人類取得了非凡的演化成果。集體知識賦予我們強大的力量與潛力。儘管如此，我們既脆弱又難以駕馭。人類累積的科學知識和透過科學不斷開發的各種技術，並未廣泛公平地為眾人所共有。但科學途徑，這個幫助觀察、思考、理解、生活的絕佳工具，是每一個人所享有的財富和天生權利。而且最棒的一點在於，愈多人分享，它的品質和價值就愈高。

科學絕對不只是硬邦邦的知識和一些批判思維的道理，就如同彩虹絕對不只是一道美麗的彩色弧線。科學教我們如何突破感知侷限、超越偏見和偏誤，擺脫恐懼和不安全感，放下無知與弱點去觀察這個世界。科學幫助我們在看待事物時，由更透澈的理解出發，置身於擁有美與真相、光彩奪目的世界。

下一次，當你看見彩虹，已知道了周遭的人不一定知道的事。你會把它當作祕密，不告訴你身邊的人嗎？你覺得，告訴他們這個知識，會破壞彩虹的魔法嗎？或者，分享知識能帶給你快樂呢？

你可不會在彩虹尾端找到一罈黃金，別忘了，彩虹並沒有尾巴。但你會在自己身上發現，原來你擁有豐富的寶藏——現在，你可以帶著見識去思考和觀察世界，將這套方法運用於日常生活，並與你認識和關愛的人分享。那就是探知求新的美妙，就是科學思維的快樂。

名詞解釋

洞穴寓言

這是希臘哲學家柏拉圖大約西元前三七五年在以「蘇格拉底式對話」體裁撰寫的著作《理想國》（*The Republic*）所提及的寓言故事，講的是接受教育去除無知的重要性。故事中一名被鍊子拴在洞穴的囚犯重獲自由後，終於見識到洞穴外更貼近真實的世界。

信念固著

傾向於固守最初的信念，即使收到與信念依據完全牴觸的新資訊也不放棄。

認知失調

當一個人面臨兩種矛盾的概念或信念而產生的心理不適感。通常發生在原先抱持的強烈念頭或信念，與得到的新資訊出現衝突的時候。而信念固著（參見前一詞條）是緩解這種心理不適最簡單的方法：即不理會新資訊，或貶低新資訊的重要性，好繼續堅持原先相信為真的事。

確認偏誤

傾向於只接觸能夠確認心中想法的意見和信念，並且只接受支持這點的證據。

陰謀論

總的來說，陰謀論是對某個現象或事件的詮釋方式。這種詮釋方式反對公認的標準解釋，而選擇相信，所謂被某些組織、政府或強大的既得利益團體，基於祕密或邪惡的理由，掩蓋住或壓抑的「真相」。有主流科學證據支持的說法，也是陰謀論者所拒絕相信的解釋。

陰謀論不接受「否證」。出現任何與陰謀牴觸的證據，或缺乏支持陰謀的證據，通常會被重新解讀為證明陰謀為真。陰謀論與科學理論之間的差別就在這裡。儘管擁護者確信自己掌握大量證據，並認為自己是以理性在思考，但陰謀論已經變得像是一種信仰，而非推理判斷。

文化相對主義

文化是一群人或整個社會，基於相同的傳統、風俗習慣和價值觀，所共同擁有的一套信念、一套行為或一組特質。相對主義是指，某件事的真假對錯，或其是否可以接受，是一種相對的概念——沒有參考座標系或制高點，去形塑能使所有人都同意，既客觀又肯定的答案。

從最基本、正向的角度看，文化相對主義可視為對差異，普遍寬容尊重以待，不依個人的對錯或常異標準去評論他人的文化和風俗習慣。應該要嘗試理解其他團體在其所屬的文化脈絡中，有哪些實際的文化習俗。

但當相對論與現實主義相衝突時，問題便產生了。十八世紀康德曾在《評論集》（*Critiques*）討論這個現象，主張知識和想法會調和我們對世界的體驗。因此，舉例來說，假如文化相對主義主張，沒有所謂普世共有的客觀道德真理，那麼我們應該要小心，不能讓這樣的想法，破壞我們對客觀現實與科學真相的理性思維。

不實資訊

錯誤資訊的一種。透過刻意散播，去欺騙或誤導他人。

鄧寧—克魯格效應

由社會心理學家大衛·鄧寧與賈斯汀·克魯格提出的一種認知偏誤，意指知識或能力有限的人認為自己比實際上來得更聰明和更有能力。認知能力低落與自我認識不足加在一起，使他們無法認清自身的缺點。相反地，能力較佳的人反而經常因為不清楚他人能力較差，而低估了自身的能力。

不過，有一些研究對鄧寧—克魯格效應提出質疑，認為這只是人為資料操作的結果。

可否證性

如果觀察後有符合邏輯的看法能夠否定某項科學理論，那麼我們就可以否證（或反駁）這項科學理論。這是科學哲學家卡爾．波普所提出的概念，稱為「否證原則」（Falsification Principle），可用於判斷某項理論或假說是否科學。符合科學的理論或假說必須能夠被檢驗，並且具有可以被證明為假的可能性。

虛幻的優越感

發生這種認知偏誤的人，認為就相同特質而言，自己擁有比別人更高的能力，而高估了自己的能耐。這個現象與鄧寧—克魯格效應有關。

因引申含意而起的否決

已故的精神分析社會學家史丹利・柯恩提出了三種否認狀態，這是其中一種。此時被否定的並非事情本身，而是這件事所引申的含意和後果。氣候變遷是經常被提到的一項例子：此時人們承認氣候確實發生變化，甚至承認氣候變遷是人類造成的，卻否定氣候變遷的道德、社會、經濟或政治含意，並因此認定不必為行動負責，也不需採取行動。

採納不同解釋的否決

此時人們並不否定事情的發生，而是利用其他解釋，去降低事情的重要性或扭曲當中的意義。例如，不否認氣候正在發生改變，而說是太陽自然週期引起氣溫上升，導致溫室氣體增加，不是溫室氣體導致氣溫上升。

直截了當的否決

全面否定某件事情曾經發生過或正在發生。一般來說，即使有有力的相反證據，也仍然予以否定。這類否定可能是刻意為之（也許是意識形態的關係），也可能是缺乏知識，或受不實資訊的影響。最為人所知的例子就是否定納粹大屠殺的存在。

錯誤資訊

被散播出去的不實消息，或會誤導他人的消息，不論其散播目的是否為刻意欺騙他人。例子有：八卦流言或道聽塗說、無確實資料僅仰賴奇聞軼事的證據、劣質新聞、政治宣傳，甚至某些居心叵測蓄意說出的謊言（不實資訊）。

道德真理

我們通常會在某句話與現實相符，或與世界的「真實」情況相符時，說這句話是「真」的。在哲學領域，稱為「真理符應論」（correspondence theory of truth），即真相與客觀事實相符。道德真理的情況比這更複雜。絕對道德真理是否存在，取決於一個人是否相信，不論情境、文化、時間、對象，均有普世認定的倫理標準。例如，謀殺別人是不對的。

這一類的道德真理可說是奠定在倫理法則或宗教典籍之上，或者，因為抱持強烈的信念或受教育影響，而認定必須無條件遵守。相反地，相對道德真理（道德相對論）是主觀的，可視不同情境而定（例如，許多社會不贊同多重配偶制，但有些社會容許或可以接受）。但這樣的定義其實不夠充分，因為某一個人認為的絕對道德真理，在另一個人眼中可能是相對道德真理。

奧坎的剃刀

有時稱為精簡原則（principle of parsimony）。概念是最簡單的解釋通常也是最佳解釋，或不該在必要程度外過分設想一件事。

客觀現實

這個概念是說：外在物理世界獨立於人的心智之外。儘管我們所感知到的也許永遠不是「最終的」現實，但不論我們能否真正透澈地了解它，「外面」仍然存在著一個真實的世界。一九二〇年代量子力學所代表的意義，使人質疑真實世界的存在，因而掀起了關於真實世界是否存在的深度辯論。至今這仍然是物理哲學領域裡一個引人爭論的議題。

後真相

這是對真相與專業意見的一種質疑。真相與專業意見被降至次要地位，真正目的在透過不斷複述未經證實的主張，來引起他人的情緒反應。有些人認為，後真相早在十七世紀印刷媒體問世時，曾以「小冊子戰爭」（pamphlet war）的形式出現過。後真相的概念底下還有由後真相政治組成的現代文化。後真相政治又稱為後事實政治（post-factual politics），於二十世紀末及二十一世紀初在許多國家現蹤。後真相政治主要受到網際網路與社群媒體影響，在這樣的推波助瀾下迅速發展——於此之際，政治議題的辯論淪為不重事實、以訴諸情感為主的民粹。

預防原則

這是一項哲學與法律上的大原則，意指針對可能造成傷害的政策或創新事物，寧可過於謹慎也不要出錯，尤其是仍缺乏有力科學證據的時候。

歸納問題

歸納是一種由累積觀察證據得出結論的科學推論方法。其缺點（即歸納問題）在於，無法得知證據的品質要多好，以及要有多少證據才能產生確切的結論。

隨機對照試驗

這是一種透過研究因果關係，儘量減少偏誤的科學方法。一般來說，會找來一群特徵相似的人，人數必須達到統計意義。將這些實驗對象隨機分配為兩組，以測試例如新的醫學治療方法、藥物或介入治療手段的效果。一組（實驗組）接受想要測試的介入手段，另一組（對照組）則接受替代性介入手段，通常是施以安慰劑的假治療，或完全不施予介入手段。這通常也會是隨機「雙盲」對照試驗，直到研究完成，實驗人員才會知道哪些對象被分配至哪一個組別。實驗人員將會針對兩組實驗對象所產生的不同反應進行統計分析，檢驗介入手段的效力。

與參考座標系無涉

這是一個科學概念，主要用於物理學領域，意思是不論從哪個參考座標系或觀點來看，某些量或現象都有固定的值或屬性。最知名的例子就是真空中的光速值。真空中的光不像物質實體，其移動速度不會隨觀察者的移動速度而改變。擴大來看，與參考座標系無涉的概念可應用於外在客觀現實。科學家希望能不受本身的主觀經驗干擾，去理解外在客觀現實。

再現性

科學方法中的再現性是指位在不同地點的不同個人，以不同器材實驗，所得出的實驗結果一致程度如何。因此，可用於評估科學家是否有能力複製出他人的實驗結果。假如成功，將會是值得信賴的研究發現。

再現性與可重複性（repeatability）不同。可重複性測量的是相同條件下的變異性。亦即，在相同地點，以相同器材依照相同程序，由相同的人員，在短時間內重複實驗的結果。

科學真相

科學家與哲學家一直在爭論，究竟有沒有科學真相。有些人認為那是柏拉圖式的理想，永遠無法企及，甚至根本不存在。有些人堅持，不論我們能否真正理解「現實的真正本質」，它都確實存在，因此科學的任務就是，嘗試透過解釋、理論、觀察，盡可能貼近所謂的「科學真相」。請注意，科學真相的意義與道德真理或宗教真理不同。

科學不確定性

這個名詞是指測量會產生某個範圍內的可能數值，讓我們對測量或觀察結果或理論的正確性，具有一定的信心水準。採用更謹慎的測量方法或進一步修正理論，能夠降低不確定性。不確定性與測量的「誤差」有關。誤差的意思不是測量結果錯誤，而是會有一個「誤差範圍」。所有科學家都受過訓練，會附上資料點的誤差槓，將不確定性量化。

社會建構

指人類互動與共同經驗所逐漸形成的事物，這些事物並非獨立存在的客觀現實。可知，雖然科學方法本身是一種社會建構，但透過科學方法所累積的世界科學知識，並不是一種社會建構的產物。

科學方法

這是一種獲得世界知識的方法。十七世紀現代科學誕生後，科學方法成為了科學的正字標記。主要來自於培根與笛卡兒等人的貢獻，但根源必須回溯到十一世紀的阿拉伯學者海什木（Ibn al-Haytham）。科學方法包括發展假說、以仔細的觀察和測量去檢驗假說，並對主張和觀察抱持嚴格的懷疑態度。

科學方法的實踐要素包括：誠實、消除偏誤、重複性、可否證性，以及承認不確定性與錯誤。這是我們認識世界最可靠的辦法，因為科學方法本身包含許多修正機制，能彌補我們的主觀性，以及人類的誤差與缺陷。

價值中立

這是科學家努力達到的研究境界。意思是科學家要客觀、公正、不受個人價值觀或個人信念影響。科學究竟是否能真正做到價值中立是人們一直在爭論的議題。雖然不論個別科學家有多努力都無法完全做到價值中立，但是外在物理世界的某些事物（參見「科學真相」與「客觀現實」等詞條）**確實是**價值中立的，例如：DNA結構、太陽與地球的相對大小。

參考書目

- Aaronovitch, David. *Voodoo Histories: The Role of the Conspiracy Theory in Shaping Modern History*. New York: Riverhead Books, 2009.
- Allington, Daniel, Bobby Duffy, Simon Wessely, Nayana Dhavan, and James Rubin. "Health protective behaviour, social media usage and conspiracy belief during the COVID-19 public health emergency." *Psychological Medicine* 1–7 (2020). https://doi.org/10.1017/S003329172000224X.
- Anderson, Craig A. "Abstract and concrete data in the perseverance of social theories: When weak data lead to unshakeable beliefs." *Journal of Experimental Social Psychology* **19**, no. 2(1983): 93–108. https://doi.org/10.1016/0022-1031(83)90031-8.

- Bail, Christopher A., Lisa P. Argyle, Taylor W. Brown, John P. Bumpus, Haohan Chen, M. B. Fallin Hunzaker, Jaemin Lee, Marcus Mann, Friedolin Merhout and Alexander Volfovsky. "Exposure to opposing views on social media can increase political polarization." *PNAS* **115**, no. 37 (2018): 9216–21. https://doi.org/10.1073/pnas.1804840115.
- Baumberg, Jeremy J. *The Secret Life of Science: How It Really Works and Why It Matters*. Princeton, NJ: Princeton University Press, 2018.
- Baumeister, Roy F., and Kathleen D. Vohs, eds. *Encyclopedia of Social Psychology*. Thousand Oaks, CA: SAGE Publications, 2007.
- Bergstrom, Carl T., and Jevin D. West. *Calling Bullshit: The Art of Skepticism in a Data-Driven World*. London: Penguin, 2021.（中文版《數據的假象：數據識讀是深度偽造時代最重要的思辨素養，聰明決策不被操弄》，天下雜誌，二〇二二年出版）

- Boring, Edwin G. "Cognitive dissonance: Its use in science." *Science* **145**, no. 3633 (1964): 680–85. https://doi.org/10.1126/science.145.3633.680.
- Boxell, Levi, Matthew Gentzkow, and Jesse M. Shapiro. "Cross-country trends in affective polarization." *NBER Working Paper* no.w26669 (2020). Available at SSRN: https://ssrn.com/abstract=3522318.
- ——. "Greater Internet use is not associated with faster growth in political polarization among US demographic groups." *PNAS* **114**, no. 40 (2017): 10612–17. https://doi.org/10.1073/pnas.1706588114.
- Broughton, Janet. *Descartes's Method of Doubt*. Princeton, NJ: Princeton University Press, 2002. htttp:www.jstor.org/stable/j.ctt7t43f.
- Cohen, Morris R., and Ernest Nagel. *An Introduction to Logic and Scientific Method*. London: Routledge & Sons, 1934.

- Cohen, Stanley. *States of Denial: Knowing About Atrocities and Suffering*. Cambridge, UK: Polity Press, 2000.
- Cooper, Joel. *Cognitive Dissonance: 50 Years of a Classic Theory*. Thousand Oaks, CA: SAGE Publications, 2007.
- d'Ancona, Matthew. *Post-Truth: The New War on Truth and How to Fight back.* London: Ebury Publishing, 2017.
- Domingos, Pedro. "The role of Occam's razor in knowledge discovery." *Data Mining and Knowledge Discovery* **3** (1999): 409–25. https://doi.org/10.1023/A:1009868929893.
- Donnelly, Jack, and Daniel J. Whelan. *International Human Rights*. 6th ed. New York: Routledge, 2020.
- Douglas, Heather E. *Science, Policy, and the Value-Free Ideal*. Pittsburgh:

University of Pittsburgh Press, 2009.

- Dunbar, Robin. *The Trouble with Science*. Reprinted. Cambridge, MA: Harvard University Press, 1996.
- Dunning, David. *Self-Insight: Roadblocks and Detours on the Path to Knowing Thyself*. Essays in Social Psychology. New York: Psychology Press, 2005.
- Festinger, Leon. "Cognitive dissonance." *Scientific American* **207**, no. 4 (1962): 93–106. http://www.jstor.org/stable/24936719.
- ——. *A Theory of Cognitive Dissonance*. Reprinted. Redwood City, CA: Stanford University Press, 1962. First published 1957 by Row, Peterson & Co. (New York).
- Goertzel, Ted. "Belief in conspiracy theories." *Political Psychology* **15**, no. 4 (1994) : 731–42. www.jstor.org/stable/3791630.

- Goldacre, Ben. *I Think You'll Find It's a Bit More Complicated Than That*. London: 4th Estate, 2015.

- Harris, Sam. *The Moral Landscape: How Science Can Determine Human Values*. London: Bantam Press, 2011.（中文版《道德風景：穿越幸福峰巒與苦難幽谷，用科學找尋人類幸福的線索》，大塊文化，二〇一三年出版）

- Head, Megan L., Luke Holman, Rob Lanfear, Andrew T. Kahn, and Michael D. Jennions. "The extent and consequences of p-hacking in science." *PLoS Biology* **13**, no. 3 (2015): e1002106. https://doi.org/10.1371/journal.pbio.1002106.

- Heine, Steven J., Shinobu Kitayama, Darrin R. Lehman, Toshitake Takata, Eugene Ide, Cecilia Leung, and Hisaya Matsumoto. "Divergent consequences of success and failure in Japan and North America: An investigation of self-improving motivations and malleable selves." *Journal of Personality and*

Social Psychology **81**, no. 4 (2001): 599–615. https://doi.org/10.1037/0022-3514.81.4.599.

- Higgins, Kathleen. "Post-truth: A guide for the perplexed." *Nature* **540** (2016): 9. https://www.nature.com/news/polopoly_fs/1.21054!/menu/main/topColumns/topLeftColumn/pdf/540009a.pdf.
- Isenberg, Daniel J. "Group polarization: A critical review and meta-analysis." *Journal of Personality and Social Psychology* **50**, no. 6 (1986): 1141–51. https://doi.org/10.1037/0022-3514.50.6.1141.
- Jarry, Jonathan. "The Dunning-Kruger effect is probably not real." McGill University Office for Science and Society, December 17, 2020. https://www.mcgill.ca/oss/article/critical-thinking/dunning-kruger-effect-probably-not-real.
- Kahneman, Daniel. *Thinking, Fast and Slow*. London: Allen Lane, 2011.

Reprinted. Penguin, 2012.（中文版《快思慢想》，天下文化，二〇一八年出版）

- Klayman, Joshua. “Varieties of confirmation bias.” *Psychology of Learning and Motivation* **32** (1995): 385–418. https://doi.org/10.1016/S0079-7421(08)60315-1.
- Klein, Ezra. *Why We’re Polarized*. New York: Simon & Schuster, 2020.
- Kruger, Justin, and David Dunning. “Unskilled and unaware of it: How difficulties in recognizing one’s own incompetence lead to inflated self-assessments.” *Journal of Personality and Social Psychology* **77**, no. 6 (1999): 1121–34. https://doi.org/10.1037/0022-3514.77.6.1121.
- Kuhn, Thomas S. *The Structure of Scientific Revolutions*. 50th anniversary ed. Chicago: University of Chicago Press, 2012.（中文版《科學革命的結構》，

遠流，二〇二一年出版）

- Lewens, Tim. *The Meaning of Science: An Introduction to the Philosophy of Science*. London: Penguin Press, 2015.

- Ling, Rich. “Confirmation bias in the era of mobile news consumption: The social and psychological dimensions.” *Digital Journalism* **8**, no. 5 (2020): 596–604. https://doi.org/10.1080/21670811.2020.1766987.

- Lipton, Peter. “Does the truth matter in science?” *Arts and Humanities in Higher Education* **4**, no. 2 (2005):173–83. https://doi.org/10.1177/1474022205051965; Royal Society 2004‥梅達華講座（Medawar Lecture）, “The truth about science.” *Philosophical Transactions of the Royal Society B* **360**, no. 1458 (2005): 1259–69. https://royalsocietypublishing.org/doi/abs/10.1098/rstb.2005.1660.

- ——. "Inference to the best explanation." In *A Companion to the Philosophy of Science*, edited by W. H. Newton-Smith, 184–93. Malden, MA: Blackwell, 2000.
- MacCoun, Robert, and Saul Perlmutter. "Blind analysis: Hide results to seek the truth." *Nature* **526** (2015): 187–89. https://doi.org/10.1038/526187a.
- McGrath, April. "Dealing with dissonance: A review of cognitive dissonance reduction." *Social and Personality Psychology Compass* **11**, no. 12 (2017): 1–17. https://doi.org/10.1111/spc3.12362.
- McIntyre, Lee. *Post-Truth*. Cambridge, MA: The MIT Press, 2018.（中文版《後真相：真相已無關緊要，我們要如何分辨真假》，時報出版，二〇一九年出版）
- Nickerson, Raymond S. "Confirmation bias: A ubiquitous phenomenon in many

guises." *Review of General Psychology*. **2**, no. 2 (1998): 175–220. https://doi.org/10.1037/1089-2680.2.2.175.

- Norgaard, Kari Marie. *Living in Denial: Climate Change, Emotions, and Everyday Life*. Cambridge, MA: The MIT Press, 2011. JSTOR: http://www.jstor.org/stable/j.ctt5hhfvf.
- Oreskes, Naomi. *Why Trust Science?* Princeton, NJ: Princeton University Press, 2019.
- Pinker, Steven. *The Better Angels of Our Nature: Why Violence Has Declined.* New York: Viking Books, 2011.
- Popper, Karl R. *The Logic of Scientific Discovery*. London: Hutchinson & Co., 1959; London and New York: Routledge, 1992. 原版：*Logik der Forschung: Zur Erkenntnistheorie der modernen Naturwissenschaft*. Vienna: Julius

Springer, 1935.

- Radnitz, Scott, and Patrick Underwood. "Is belief in conspiracy theories pathological? A survey experiment on the cognitive roots of extreme suspicion." *British Journal of Political Science* **47**, no. 1 (2017): 113–29. https://doi.org/10.1017/S0007123414000556.

- Ritchie, Stuart. *Science Fictions: Exposing Fraud, Bias, Negligence and Hype in Science*. London: The Bodley Head, 2020.

- Sagan, Carl. *The Demon-Haunted World: Science as a Candle in the Dark*. New York: Random House, 1995（再刷）New York: Paw Prints, 2008.

- Scheufele, Dietram A., and Nicole M. Krause. "Science audiences, misinformation, and fake news." *PNAS* **116**, no. 16 (2019): 7662–69. https://doi.org/10.1073/pnas.1805871115.

- Schmidt, Paul F. "Some criticisms of cultural relativism." *The Journal of Philosophy* **52**, no. 25 (1955): 780–91. https://www.jstor.org/stable/2022285.
- Tressoldi Patrizio E. "Extraordinary claims require extraordinary evidence: The case of non-local perception, a classical and Bayesian review of evidences." *Frontiers in Psychology* **2** (2011): 117. https://www.frontiersin.org/articles/10.3389/fpsyg.2011.00117/full.
- Vickers, John. "The problem of induction." *The Stanford Encyclopaedia of Philosophy*, Spring 2018. https://plato.stanford.edu/entries/induction-problem/.
- Zagury-Orly, Ivry, and Richard M. Schwartzstein. "Covid-19—A reminder to reason." *New England Journal of Medicine* **383** (2020): e12. https://doi.org/10.1056/NEJMp2009405.

延伸閱讀

- Jim Al-Khalili, *The World According to Physics* (Princeton University Press, 2020)
- Chris Bail, *Breaking the Social Media Prism: How to Make Our Platforms Less Polarizing* (Princeton University Press, 2021)
- Jeremy J. Baumberg, *The Secret Life of Science: How It Really Works and Why It Matters* (Princeton University Press, 2018)
- Carl Bergstrom and Jevin West, *Calling Bullshit: The Art of Skepticism in a Data-Driven World* (Penguin, 2021)（中文版《數據的假象：數據識讀是深度偽造時代最重要的思辨素養，聰明決策不被操弄》，天下雜誌，二〇

二二年出版）

- Richard Dawkins, *Unweaving the Rainbow: Science, Delusion and the Appetite for Wonder* (Allen Lane, 1998)
- Robin Dunbar, *The Trouble with Science* (Harvard University Press, 1996)
- Abraham Flexner and Robert Dijkgraaf, *The Usefulness of Useless Knowledge* (Princeton University Press, 2017)
- Ben Goldacre, *I Think You'll Find It's a Bit More Complicated Than That* (4th Estate, 2015)
- Sam Harris, *The Moral Landscape: How Science Can Determine Human Values* (Bantam Press, 2011)（中文版《道德風景：穿越幸福峰巒與苦難幽谷，用科學找尋人類幸福的線索》，大塊文化，二〇一三年出版）

- Robin Ince, *The Importance of Being Interested: Adventures in Scientific Curiosity* (Atlantic Books, 2021)
- Daniel Kahneman, *Thinking, Fast and Slow* (Penguin, 2012)（中文版《快思慢想》，天下文化，二〇一八年出版）
- Tim Lewens, *The Meaning of Science: An Introduction to the Philosophy of Science* (Penguin Press, 2015)
- Naomi Oreskes, *Why Trust Science?* (Princeton University Press, 2019)
- Steven Pinker, *Enlightenment Now: The Case for Reason, Science, Humanism, and Progress* (Penguin, 2018)（中文版《再啟蒙的年代：為理性、科學、人文主義和進步辯護》，商周出版，二〇二〇年出版）
- Steven Pinker, *Rationality: What It Is, Why It Seems Scarce, Why It Matters* (Allen Lane, 2021)（中文版《理性：人類最有效的認知工具，讓我們做

出更好的選擇，採取更正確的行動》，商周出版，二〇二三年出版）

- Stuart Ritchie, *Science Fictions: Exposing Fraud, Bias, Negligence and Hype in Science* (Bodley Head, 2020)
- Carl Sagan, *The Demon-Haunted World: Science as a Candle in the Dark* (Paw Prints, 2008)
- Will Storr, *The Unpersuadables: Adventures with the Enemies of Science* (Overlook Press, 2014)

國家圖書館出版品預行編目資料

為什麼你看不到黑天鵝？《悖論》作者帶你用科學思考，突破偏見、無知與真偽的迷霧 / 吉姆．艾爾－卡利里 (Jim Al-Khalili) 作；趙盛慈譯. -- 初版. -- 臺北市：三采文化股份有限公司, 2023.10
面； 公分
譯自：The Joy of Science
ISBN 978-626-358-184-5(平裝)

1.CST: 科學

300 112014096

suncolor 三采文化

PopSci 18

為什麼你看不到黑天鵝？

《悖論》作者帶你用科學思考，突破偏見、無知與真偽的迷霧

作者｜吉姆．艾爾 - 卡利里（Jim Al-Khalili） 譯者｜趙盛慈 審定｜林秀豪
主編｜戴傳欣 美術主編｜藍秀婷 封面設計｜李蕙雲 內頁排版｜陳佩君
校對｜黃薇霓 行銷協理｜張育珊 行銷企劃主任｜陳穎姿 版權負責｜杜曉涵

發行人｜張輝明 總編輯長｜曾雅青 發行所｜三采文化股份有限公司
地址｜台北市內湖區瑞光路 513 巷 33 號 8 樓
傳訊｜TEL：（02）8797-1234 FAX：（02）8797-1688 網址｜www.suncolor.com.tw
郵政劃撥｜帳號：14319060 戶名：三采文化股份有限公司
本版發行｜2023 年 10 月 27 日 定價｜NT$420

suncolor

suncolor